図でよくわかる
材 料 力 学
（改訂版）

工学博士　菊池　正紀
博士（工学）　和田　義孝　共著

コロナ社

は　じ　め　に

　本書は，材料力学の初心者を念頭において執筆しました。

　材料力学は，現場の技術者に役立つようまとめあげられた公式集といって差し支えありません。そこでは，複雑な式の展開はできるだけ行わず，簡単に解を求めることを目的としています。これは，いわば先人の偉大な知恵と経験の集積です。

　本書でも，基本的にはそれを踏襲し，複雑な式はできるだけ排除して，平易に読めるよう努めました。最初の応力とひずみについての概念をしっかり理解したなら，あとの基本的な要素の変形，応力，ひずみの計算は，公式に基づいて行えばよいでしょう。

　しかし，近年の技術の進歩に伴い，こうした伝統的な手法だけでは，日々現実に起こる事態を正しく説明できないことが，しばしば起こっています。例えば，従来の材料力学では，材料を均質体として扱って論じてきました。しかし，現実の材料は，さまざまな大きさの初期欠陥を多数持つ非均質材料であり，それが種々の破壊の原因となります。技術の進展により，機器，部品はますます小形化，集積化し，そうした微小な非均質性が，機器の強度に大きく影響することが多くなってきています。

　本書では，破壊力学に関する解説を8章に設けました。破壊力学とは，上記のような，材料の非均質性から不可避的に発生する破損，き裂を対象とする学問です。筆者らは，通常の材料力学の先に破壊力学を位置づけることが，今後の材料力学教育の必然的な進路であろうと考えてきました。

　また，7章では，いまや機械設計の基本的手法となっている，有限要素法を使用する際に必要な基礎知識について解説しています。

　なお，本書の完成に当たっては，図表の整理などで東京理科大学理工学部機

械工学科菊池研究室の大橋千夏さんにたいへんお世話になりました。また，コロナ社の関係各位には，数々の助言，忠告をいただきました。ここに心からお礼を申し上げます。

　なお，本書は秀和システムから出版されていた『図解入門　よくわかる材料力学の基本』の改訂版です。この本を教科書に使用して講義をした 10 年の経験を踏まえて，本書では必要な箇所を整理，補筆しました。特に，2 章では重ね合わせの原理を丁寧に解説しました。また，7 章の有限要素法によるシミュレーションも大幅に書き改め，市販の CAE ソフトウェアを使うために必要な知識を解説しました。

2014 年 2 月

著　　者

改訂版にあたって

　コンピュータによる数値解析技術である CAE は在宅でも使えるような環境が整えられました。CAE はインターネットを経由していつでもどこでも利用できる便利な手法になったといえます。しかし，コンピュータを用いた便利な手法がいかに普及しようと，材料力学はその基礎となる重要な知識です。

　今回の改訂では，コンセプトはそのままに，演習問題と有限要素法の基礎理論を追記しました。また，コロナ社書籍紹介ページ（https://www.coronasha.co.jp/np/isbn/97843390468161）に追加資料や一部の問題の詳細な解答を掲載しました。引き続き，材料力学のみならず破壊力学まで含めた強度評価の基本を俯瞰して理解するための構成としております。

　本書の改訂にあたって，コロナ社編集部の方々にはご尽力いただきました。ここに改めて御礼申し上げます。

2023 年 2 月

著　　者

〔執筆担当〕

　菊池　正紀：1，5，6，8 章，和田　義孝：2，3，4，7 章

目　　次

1.　応力とひずみ

2. 引張りを受ける棒

3.　はりの曲げ

4.　軸のねじり

5.　多軸応力場での応力とひずみ

6. 応　力　集　中

7.　コンピュータによるシミュレーション…有限要素法

8. 機器の保守・管理

1

++++++++++++++++

応力とひずみ

　材料の強度をどのように表現するのか，機械の設計のときに何を目安に形状，寸法を決定するのか，そういったことが材料力学の課題です。それらは，「応力」と「ひずみ」という二つのパラメータを用いて評価，判断されます。本章では，応力とひずみの定義，それらの関係について，詳しく説明します。

1.1　垂直応力と垂直ひずみ

　応力とひずみは大きく分けて二つに分類できます。そのうち，垂直成分（垂直応力と垂直ひずみ）は，最も広く使用されるものです（もう一つは1.2節参照）。詳しくは5章で定義しますが，ここでは直感的に理解できるよう，簡単に説明します。まず，これらをきちんと理解しましょう。

〔1〕　垂　直　応　力

　図1.1に示すように，ある直方体に対して，断面に垂直な方向に力 P が外部から加えられている場合を考えます。このとき，この直方体の内部には，こ

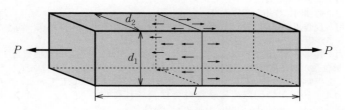

図1.1　垂直な力 P が作用する直方体

の**外力**†1 とつり合うような**内力**†2 が発生します。

　任意の断面（断面積 A とする）で考えれば，この断面には，左右両側から**作用 – 反作用の法則**†3 により，同じ力が断面に垂直に作用しているはずです。この力は断面内に均一に分布すると考えられますから，その力の大きさは

$$\sigma = \frac{P}{A} \tag{1.1}$$

で定義されます。これを**垂直応力**（normal stress）と呼び，これを表す記号には一般的にギリシャ文字の σ（シグマ）が用いられます。

　構造物や材料が外力を受けるとき，内部にはこのような**応力**†4 が生じます。応力の単位は **SI 単位系**†5 で MPa で表されます。**表 1.1** は，ほかの単位系との換算表です。

　いま，**図 1.2** のように，断面積が $10\,\mathrm{mm}^2$ の棒 A に $100\,\mathrm{N}$†6 の力が，断面積

表 1.1　力と応力の単位換算表

	N	kgf	lb（ポンド）
力	1	0.101 97	0.225
	9.807	1	2.205
	4.448	0.453 6	1
	MPa	kgf / mm²	psi
応力	1	0.101 97	145
	9.807	1	1 421.99
	0.006 89	0.000 703	1

$1\,\mathrm{MPa} = 10^6\,\mathrm{Pa} = 1\,\mathrm{MN/m^2} = 1\,\mathrm{N/mm^2}$,　$1\,\mathrm{psi} = 1\,\mathrm{lb/inch^2}$

---

†1　**外力**：材料や構造などに外から加えられる力
†2　**内力**：物体内に作用している力
†3　**作用 – 反作用の法則**：一方が受ける力と他方が受ける力は，つねに，向きが反対で大きさが等しい，という法則
†4　**応力**：物体に外力が加わることにより，その物体内部に生じる単位面積当りの力
†5　**SI 単位系**：国際単位系。従来の MKS 単位系（メートル〔m〕，キログラム〔kg〕，秒〔s〕を用い，この三つの組合せでさまざまな量の単位を表現していた）を拡張したもので，1960 年に国際度衡量総会で採択されました。SI は，フランス語の Le Systeme International d'Unites の頭文字の略称です。
†6　**N**：ニュートン。力の大きさを表す単位。1 kg の質量を持つ物体に，$1\,\mathrm{m/s^2}$ の加速度を生じさせる力の大きさが 1 N です。

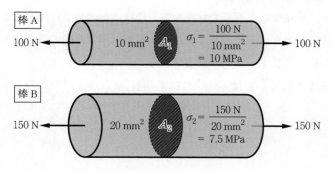

図1.2 力学的に厳しいのはどちら？

20 mm^2 の棒 B に 150 N の力が作用しているときを考えてみましょう。

棒 B に作用する力のほうが大きいですが，内部に生じる応力を比較すれば，棒 A には 10 N/mm^2 = 10 MPa の応力が，棒 B には 7.5 N/mm^2 = 7.5 MPa の応力が生じていることになり，棒 A のほうが力学的には厳しい状態にあることになります。

このように，作用する外力が大きくても，それが作用している構造物の断面積が大きければ，内部に生じる応力は小さいことになります。すなわち，構造物へ作用する外力の厳しさは，力の絶対量ではなく，それによって内部に生じる応力で判断されるわけです。

〔2〕　**垂 直 ひ ず み**

力を受けた構造物は変形します。図1.1に示した直方体は，**図1.3**のように，長さ，高さ，厚さのすべてが変化します。例えば，長さの変化量を考えてみれば，同じ力が作用したとき，長さが2mの棒は長さが1mの棒の2倍伸びるであろうことは容易に理解できます。

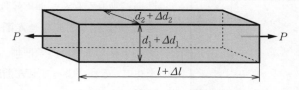

図1.3 力を受けた直方体の変形

したがって，棒に生じた変形の程度を知るには，元の長さに対してどれだけ伸びたかを知ることが必要となります。すなわち，伸びを元の長さで割った量を調べることになります。これが**垂直ひずみ**です。

図1.3の直方体に対しては，三つのひずみ ε_l，ε_{d1}，ε_{d2} が次式のように定義されます。

$$\varepsilon_l = \frac{\Delta l}{l}, \quad \varepsilon_{d1} = \frac{\Delta d_1}{d_1}, \quad \varepsilon_{d2} = \frac{\Delta d_2}{d_2} \tag{1.2}$$

垂直ひずみは元の長さの変化を示すものであり，垂直応力の作用によって生じるものです。これを表す記号には，ギリシャ文字の ε（イプシロン）が用いられます。

応力は作用する外力の大きさを，ひずみはそれによって生じる変形を，それぞれ元の形状によらず一般的に表現できる量ですから，材料力学の最も基本的なパラメータとして使われます。一般に，材料の強度評価，構造・機器の設計などは，このパラメータを用いて行われます。

1.2　せん断応力とせん断ひずみ

もう一つの応力とひずみは，せん断成分（せん断応力とせん断ひずみ）です。垂直成分との違いを確認しましょう。軸のねじりなどでは，主としてこのせん断応力とせん断ひずみを考えます。

〔1〕　せ ん 断 応 力

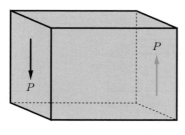

図1.4　面内に作用するせん断力

図1.4のように，力が（考えている断面に垂直でなく）面内に作用することもあります。これを**せん断力**と呼びます。これも垂直応力と同様，内部に内力を生じ，それによって**せん断応力**（shear stress）が発生します。

せん断力 P が作用する断面（断面積 A）内での，単位面積当りの値

$$\tau = \frac{P}{A} \tag{1.3}$$

がせん断応力であり，ギリシャ文字の τ（タウ）で表されます。

〔2〕　せん断ひずみ

せん断応力により，図1.4の直方体は**図1.5**のように変形するものと考えられます。このとき，直方体の変形量は，長さ方向ではなく，垂直方向に生じます。これを**せん断変形**と呼びます。

この変形量も，元の長さ l に比例することは明らかでしょう。したがって変形の程度を表すには，ここでも変形量を元の長さで割った「単位長さ当りの変形量」

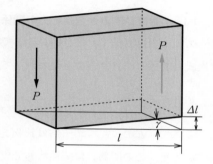

図1.5　せん断力により変形した直方体

$$\gamma = \frac{\Delta l}{l} \tag{1.4}$$

で示す必要があることになります。これを**せん断ひずみ**（shear strain）と呼び，その記号にはギリシャ文字の γ（ガンマ）が用いられます。

せん断ひずみは，物体の体積変化をもたらさず，形状変化のみを生じるものです。図1.5に示したように，変形前は直角であった直方体の角部が，変形後は直角から少し角度を減少させています。この角度減少量は，$\Delta l \leqq l$ とすれば，せん断ひずみと同じになります。すなわち，物体の内部に直角の交線を描いておいたとき，変形によりその交線が直角から減少した角度量をせん断ひずみであると定義することもできます。これは直感的に理解しやすく，現在では**工学ひずみ**として広く利用されているものです。

垂直ひずみやせん断ひずみは無次元量です。金属などでは一般にこのひずみはきわめて小さい量であり，10^{-6} から 10^{-4} 程度のオーダの量です。

1.3 応力とひずみの関係

応力とひずみは密接に関係しています。応力が，ある限界値（降伏応力[†]）以下なら，応力とひずみの間には簡単な比例関係が成立することが知られています。これはフックの法則として知られているものです。

〔1〕 垂直ひずみと垂直応力の関係

図1.1を再度見てください。ここで生じた垂直ひずみと垂直応力の間には，次式の関係が成立することがわかっています。

$$\varepsilon_l = \frac{\sigma}{E}, \quad \varepsilon_{d1} = \varepsilon_{d2} = -\nu\varepsilon_l = -\frac{\nu}{E}\sigma \tag{1.5}$$

ここで，E と ν（ニュー）は比例定数です。この値は材料ごとに異なります。また，この関係式は弾性状態で成立しますので，これらの比例定数を**弾性定数**または**材料定数**と呼びます。

E は，図1.1において，長さ方向に作用した垂直応力と，その同じ方向へ生じた垂直ひずみを直接に関係づける定数であり，**縦弾性係数**または**ヤング率**（Young's modulus）と呼ばれます。

ν は，長さ方向の垂直ひずみと，それに対して直角方向の垂直ひずみとの間の比例関係を表す定数で，**ポアソン比**（Poisson's ratio）と呼ばれます。

一般に，引張りに対しては，棒は長さが伸びるとともに幅や高さは小さくなり，圧縮力のときはその逆になります。式（1.5）に負の記号がついているのは，ε_l と ε_{d1}，ε_{d2} との正負の符号が逆になるからです。

〔2〕 代表的な材料定数

ヤング率は応力と同じ次元を持ち，ポアソン比は無次元量です。代表的な金属材料である鉄のヤング率とポアソン比は記憶しておくと何かと便利です。ヤング率は約 200 ～ 210 GPa，ポアソン比は約 0.3 と覚えておくとよいでしょう。

[†] **降伏応力**：1.4節参照

表1.2　いくつかの金属の材料定数

金　属	E〔GPa〕	ν	G〔GPa〕
鉄	205.9	$0.3 \sim 0.33$	79.2
アルミニウム	70.6	0.3	27.3
銅	122.6	0.3	47.1
亜鉛	98.1	$0.33 \sim 0.4$	29.5
金	79.4	0.19	27.5

1 GPa $= 10^3$ MPa

いくつかの金属の材料定数を**表1.2**に示しておきます。

〔3〕　**せん断応力とせん断ひずみの関係**

せん断応力とせん断ひずみの間にも比例関係があり，次式で表されます。

$$\gamma = \frac{\tau}{G} \tag{1.6}$$

この G も材料定数であり，**せん断弾性係数**と呼ばれています。この定数値も，表1.2に示しています。

〔4〕　**変形量の計算**

図1.6のような直方体の変形を調べてみましょう。図に示す寸法の角柱に，$P = 20\,000$ N の力が作用していたものとし，材質は鉄であるとしましょう。

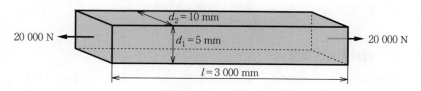

図1.6　荷重 $P = 20\,000$ N を受ける角柱

この角柱に発生する垂直応力 σ と垂直ひずみ ε は

$$\left. \begin{aligned} \sigma &= \frac{20\,000 \text{ N}}{5 \text{ mm} \times 10 \text{ mm}} = 400 \text{ MPa} \\ \varepsilon &= \frac{\sigma}{E} = \frac{400 \text{ MPa}}{200 \text{ GPa}} = \frac{400}{200 \times 1\,000} = 0.002 \end{aligned} \right\} \tag{1.7}$$

と計算できます。すると，長さの変化と幅，高さの変化はそれぞれ，次式のように計算することができます。

$$\Delta l = \varepsilon l = 0.002 \times 3\,000 \; [\text{mm}] = 6\,\text{mm} \tag{1.8}$$

$$\left.\begin{array}{l} \Delta d_1 = -\nu \varepsilon d_1 = -0.3 \times 0.002 \times 5 \; [\text{mm}] = -0.003\,\text{mm} \\[4pt] \Delta d_2 = -\nu \varepsilon d_2 = -0.3 \times 0.002 \times 10 \; [\text{mm}] = -0.006\,\text{mm} \end{array}\right\} \tag{1.9}$$

> コラム　**材料力学は微小変形だけを扱う？**
>
> 　ここでの計算結果からわかるように，長さや幅の変化はとても小さな量です。金属の変形は，普通このような小さな変形しかしません。材料力学はそうした微小な変形を前提にしています。
> 　しかし近年では，超塑性材料といって，元の長さの 10 倍以上に伸びるような材料も使われるようになってきています。そのような材料の力学は，別に考えなければなりません。

1.4　応力 – ひずみ線図

　材料の強さ＝強度も，やはり応力とひずみで表現されます。材料が外力を受けてどのような応答をするかを知るには，材料試験を行う必要があります。その結果得られるのが，応力 – ひずみ線図です。

〔1〕　材料強度の試験

　材料強度の最も基本的なデータは，静的な引張り負荷を受けたときの材料の応答です。このための材料試験の代表的な試験片形状は，**図 1.7** に示すようなものです。こうした形状は JIS（日本産業規格）により規格化されています。

　静的引張り試験機の概略図も，図 1.7 に示しておきます。試験片を固定するチャック部は剛性の高い上下の板に固定されます。この板が，ねじを切った柱の回転につれて上下に移動して，試験片に引張り力や圧縮力を与える構造になっています。

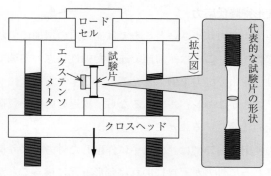

図1.7 代表的な試験片形状と静的引張り試験機

〔2〕 **応力-ひずみ線図**

　試験片の伸びは，平行部に取り付けた伸び計（エクステンソメータ）で測定し，作用する荷重はロードセルにより計測されます。この伸びを横軸に，荷重を縦軸にとって，両者の関係を示せば，**荷重-変位線図**が得られます。この荷重-変位線図から**応力-ひずみ線図**（stress-strain curve）を描くには，荷重を試験片断面積で割り，変位を試験片平行部の長さで割ればよいことはわかりますね。軟鋼の典型的な応力-ひずみ線図は，**図1.8**のようになります。

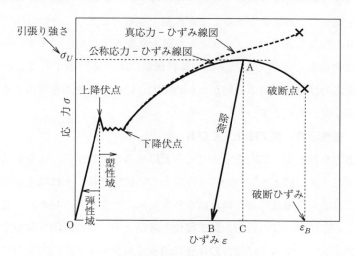

図1.8 軟鋼の応力-ひずみ線図

〔3〕 **弾性変形，降伏応力**

図1.8において，応力が小さいところでは，応力の増加につれてひずみが比例的に増加しています。ここは，前節で述べた弾性状態の領域です。

この段階では，途中で応力を低下させると，ひずみもそれにつれて低下します。すなわち，応力がこのレベルであるなら，繰返し応力を負荷しても，応力を除去すれば元の状態に戻ることになります。

実際の機器の使用においては，使用中に作用した外力により機器は変形しますが，使用が終わって外力がゼロに戻れば変形も元に戻ることが望ましいことはいうまでもありません。これによって機器の繰返し使用が可能となるからです。したがって機器の設計においては，弾性状態を保つよう応力設計することがきわめて重要だということになります。

しかし，応力をしだいに増加させていけば，最終的には応力値は弾性変形の限界を超えてしまいます。この限界の応力が**降伏応力**（yield stress）です。軟鋼では，図1.8のように**上降伏点**と**下降伏点**が示されますが，実用的には下降伏点が限界値として使用されます。

すなわち，機器を弾性範囲で使用するには，設計において使用する材料の降伏応力を知っている必要があることが理解できるでしょう。その意味で降伏応力は材料の強度を表すパラメータとして最も重要なものの一つです。降伏応力は材料ごとに異なる値であり，この材料試験によって計測することができます。降伏応力は温度による変動がきわめて大きいので，機器を使用する環境に注意する必要があります。

〔4〕 **塑性領域，加工硬化，くびれ**

降伏応力を超えると応力を除去しても元に戻らないひずみ，すなわち**塑性ひずみ**が生じます。図1.8でわかるように，この状態では，それ以上変形を続けるためには応力を増加させなければなりません。すなわち，見かけ上材料は硬くなっていきます。この段階を**加工硬化**と呼びます。この段階で除荷すると，応力は図1.8に示すように弾性の傾きに沿って減少します。応力がゼロになっても塑性ひずみ B が残り，元の形状には戻りません。

（コラム）　**弾性ひずみと塑性ひずみの違いは？**

　弾性ひずみと塑性ひずみの違いは，金属結晶の変形機構の違いです。

　金属は原子が規則的な格子を作って配列していて，原子間には引力が作用しています。それはあたかも，隣接原子間との間が下図（a）のようにばねで結ばれているようなものです。これにせん断力が加えられると，上下の原子面は位置がずれます。

　力が小さければ，このずれはあまり大きくなく，力を取り除くとばねの作用により元に戻ります。これが**弾性ひずみ**です（図（b））。

　しかし，この力が大きくなると，上下の原子面のずれは大きくなり，原子はずれた先の隣接原子間で引力を生じます。こうなると，もはや力を取り除いても元には戻らなくなります。これが**塑性ひずみ**です。すなわち，塑性ひずみは原子面間のすべりによって発生するのです（図（c））。

図　弾性ひずみと塑性ひずみの違い

　加工硬化段階は，見かけ上硬くなっても，内部では金属結晶レベルでの損傷が蓄積している段階であることを認識しておく必要があります。その内部損傷がある程度蓄積されると，材料は破断することになります。**図1.9**に示すように最も弱い部分がくびれを生じて，最終的な破断に至ります。こうしたくびれが生じる直前に，応力は最高値を示します。これを**引張り強さ**（tensile strength）と呼びます。また，破断時のひずみを**破断ひずみ**と呼びます。

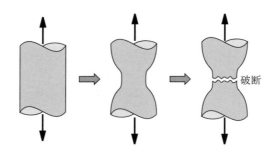

図 1.9　最も弱い部分がくびれて破断する

　引張り強さや破断ひずみは，その材料の強度の限界値を示すものですから，材料の強度の重要な目安となります。材料を購入するとき，材料にはその材料の品質を保証する**ミルシート**と呼ばれる品質保証書がついてきます。これに記載されている材料データは，降伏応力，引張り強さ，破断ひずみの三つです。

1.5　さまざまな応力 - ひずみ曲線

　材料には多くの種類があり，それらの応力 - ひずみ線図は同じではありません。ここでは，いくつかの代表的な材料を取り上げて，それらの応力 - ひずみ曲線を紹介します。

〔1〕　0.2 %　耐　力

　図 1.10 はアルミニウム合金の応力 - ひずみ線図です。銅やアルミなどの金属は明確な降伏応力を示さずに塑性変形を生じることが知られています。このような場合，降伏応力を明確に定義できないため，代わりに材料の強度を示すものが必要です。一般には，0.2 %の塑性ひずみを生じるときの応力値を **0.2 % 耐力**と呼んで，降伏応力の目安とします。

〔2〕　延性材料と脆性材料

　図 1.10 のアルミニウム合金や，図 1.9 で見た，くびれて破断する金属は，降伏後，大きな塑性変形をしたあとに破断します。このような材料を**延性材料**

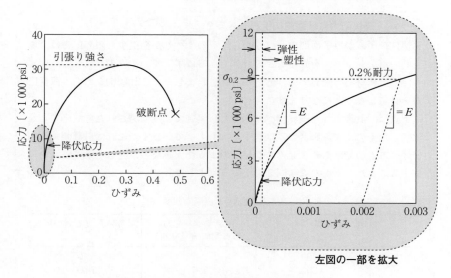

図 1.10 アルミニウム合金の応力－ひずみ線図

(ductile material) と呼びます。

これに対して，タングステンカーバイドでは，材料はほとんど塑性変形することなく破断してしまいます。**図 1.11**（a）に応力－ひずみ線図を示します。このような材料は**脆性材料**（brittle material）と呼ばれます。

また，図（b）はゴムの応力－ひずみ線図です。ゴムなどの材料では，ここに示すように，弾性状態でも応力とひずみの間に比例関係が認められません。

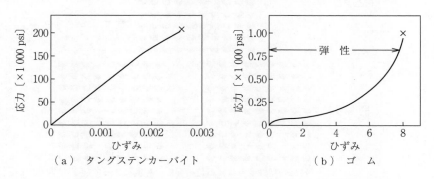

図 1.11 タングステンカーバイドとゴムの応力－ひずみ線図

（コラム） **降伏応力は理論的に予測できる？**

　塑性ひずみが原子面間のすべりなら，そのすべりが発生する限界応力は，原子間のポテンシャルを知ることで計算できるはずです。そのようにして，いくつかの金属材料の限界すべり応力が計算されました。これはすなわち，降伏応力を計算したことになります。

　下表は，計算された限界すべり応力と，実験により計測された降伏応力とを比較したものです。両者の差は数千倍にも上っています。これは計算誤差などと呼べるものではありません。なぜこのような大きな差が生じたか，これを考察することから，新たな学問分野が生まれました。

表　理論強度と実際の強度

金　属	理想的限界すべり応力の計算値 τ_{th}〔MPa〕	限界すべり応力の実測値 τ_c〔MPa〕	計算値と実測値の誤差 τ_{th}/τ_c
Cu	6 400	1	6 400
Ag	4 500	0.6	7 500
Au	4 500	9.92	4 900

　計算された限界すべり応力は，下図のように，原子面が一度に1原子距離だけ移動するのに必要な応力を計算したものです。原子が1原子分移動するためには，原子間ポテンシャルの山を乗り越えなければなりません。

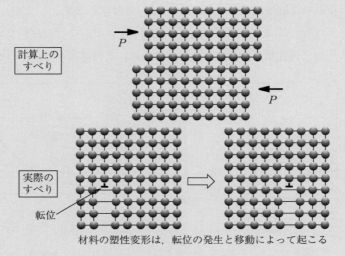

材料の塑性変形は，転位の発生と移動によって起こる

図　原子のすべりの様子

　　多くの原子が同時にこのポテンシャルの山を乗り越えるには，大きな応力を必要とします。しかし，実際には，下の原子面に原子列が一つ存在せず，空白になっているものもあります。ここに隣の原子列が一つだけ移動してくるのは，小さな応力で可能です。

　　こうして隣に空白ができると，さらにその隣の原子列が移動してきます。これを繰り返すことで，原子面全体が1原子分だけ移動することができます。実際にはこうした現象が起こっているため，計測された降伏応力は計算値より著しく小さいのです。

1.6　応力とひずみの測定法

　　応力は直接目で見ることが困難です。また，ひずみはきわめて微小な変形ですから，これも目視することは無理です。そのため，これらの測定のためにはさまざまな技術が開発され，使われてきました。ここでは，最も広く用いられている方法について説明します。

〔1〕　ひずみゲージ

　　応力を測定するには，まずひずみを測定して，それから応力に換算する方法が一般に用いられます。ひずみを測定する際に最もよく用いられる方法が**図1.12**に示す**ひずみゲージ**です。

　　ひずみゲージは，細いワイヤが台紙に貼り付けられたものです。この台紙を試験片に接着剤で貼付して，引張り試験を行います。引張りを受けるとワイヤは伸び，それによってこのワイヤの電気抵抗が変化します。この微細な電気抵抗の変化を測定すればワイヤの伸びを知ることができ，そこからひずみを求めることができます。

　　ひずみが弾性変形の範囲内なら，この結果から，応力とひずみの関係[†]を利用して応力を知ることが可能になります。稼動中の機器の各部に生じる応力の

†　応力とひずみの関係：1.3節参照

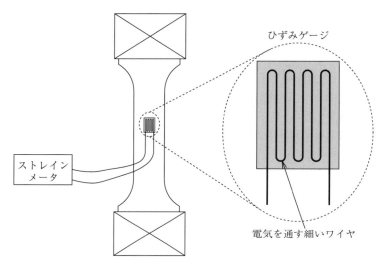

図 1.12　ひずみゲージ

測定には，この方法[†]が用いられます。

〔2〕 **光 弾 性 法**

　応力分布を直接知る方法もあります。**図 1.13** は，重量物をつり下げているフック（図（a））と歯車の接触部（図（b））の応力分布を直接観察している

（a）　フック

（b）　歯車の接触部

図 1.13　光弾性法で応力分布を知る
（提供：東京理科大学，澤芳昭名誉教授）

---

†　具体的な方法は 5.8 節で説明します。

例です。樹脂材でフックや歯車のモデルを作成し，平行光線を透過すると，このように応力の分布が縞模様の粗密となって現れます。これは**光弾性法**と呼ば

（コラム）　**塑性ひずみ＝転位の発生と移動**

　塑性ひずみの発生を結晶格子の動きとして理解すると，下図のようになります。完全結晶の図（a）の状態で応力を負荷すると，まず1原子だけ移動して図（b）の状態になります。ここでは上から下に延びてきた原子面が途中で中断する形になっています。ここにさらに隣の原子が移動して，そのプロセスが繰り返されます（図（c），（d））。最終的にこの構造が右端部に到達すると，上下の原子面は1原子分だけずれたことになります（図（e））。

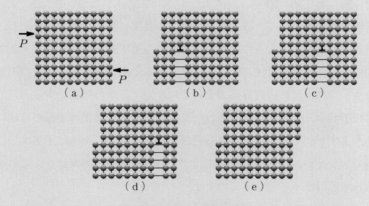

図　転位の発生と移動の様子

　この挙動はあたかも，1.4節のコラムで示した原子面の中断と同じように，結晶格子に生じた格子欠陥が左端に発生し，それが結晶内を右へ横断したものと考えることもできます。この結晶格子欠陥を**転位**（dislocation）と呼びます。

　塑性ひずみは転位の発生と移動であると理解することができます。実在の結晶中には，こうした転位が無数に存在していることが確かめられています。金属の塑性変形挙動の多くは，この転位の挙動を研究することで理解されてきました。この学問分野を「**転位論**」と呼びます。

　現在では原子を直接見ることのできる顕微鏡が開発され，転位も直接観察されています。また，転位の運動を原子レベルで解析することも可能になっています。

れる方法です。この技術は近年ではレーザ光を用いたより高精度の方法として
発展しつつあります。

1.7 安全率と許容応力

　　材料力学の知識は，機器の設計の際に利用されます。そのとき，応力やひ
　ずみのパラメータをどのように使うのかを学ぶ必要があります。ここでは設
　計の際の基本的な考え方について説明します。

〔1〕 **許 容 応 力**

　機器の設計にあたって，設計者は，機器の各部に生じる応力を予測し，それ
が材料の許容応力を超えることのないように注意する必要があります。このと
き二つの問題が発生します。一つは，発生する応力を予測する精度の問題であ
り，もう一つは，材料の**許容応力**をいかに決定するかの問題です。

　応力の予測は，近年ではコンピュータを利用して高精度の予測が可能になり
つつありますが，それでもあらゆる条件を見落とさずに正確に予測することは
不可能であるといわざるを得ません。すなわち，予測の不確定さを始めから考
慮に入れて設計する必要があるのです。

　例えば，静的な負荷を受ける部材に対しては，降伏応力が許容応力の目安と
なります。しかし，応力予測の不確実性を考慮に入れると，降伏応力以下の応
力値を許容応力として設定しておくことが必要となります。

〔2〕 **基準強さと安全率**

　許容応力は次式で定められます。

$$許容応力 = \frac{基準強さ}{安全率} \tag{1.10}$$

　ここで**基準強さ**とは，材料がその使用環境下で期待される性能を発揮できる
限界の応力値のことをいいます。例えば，降伏応力は静的負荷を受ける場合の
基準強さになります。

　また，**安全率**（safety factor）は，1より大きな数であり，応力予測の不確実さに応じて大きな値をとる必要があります。ですから，「安全率が大きい」ということは「応力予測の不確実性が大きい」ということを意味するのであり，安全性が高いことを意味するのではないことを正しく理解しましょう。実際には，個々の機器の安全率は，メーカが製造経験を踏まえて決定しています。

（コラム）　クリープひずみ

　金属材料に一定の応力をかけ続けておくと，時間と共にしだいにひずみが増加する現象が起きることがあります。これを**クリープ**と呼びます。

　これは一般に高温状態で生じる現象です。金属は原子の配列からなる結晶の集合体ですから，高温状態では結晶格子欠陥などが移動しやすくなり，降伏応力が低下します。それにつれて時間と共にその移動量も変化し，**クリープひずみ**（creep strain）を発生するのです。

　下図はクリープひずみ−時間線図です。横軸が時間，縦軸がクリープひずみです。時間がゼロのとき，応力を負荷すると，弾性ひずみが発生します。応力は一定のままですから弾性ひずみはそれ以上増えませんが，時間と共にクリープひずみが発生し，それはしだいに増加して最終的には材料は破断します。

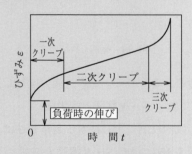

図　クリープひずみ−時間線図

　このクリープひずみの発生量は，単純に時間に比例するのではなく，そのときの温度，応力の大きさ，それに時間，の三つの要因が複雑に関係して，図のような複雑な曲線となります。

　多くの常温以下で使用される機器では，クリープひずみはあまり考慮する必要がありません。鉄鋼材料などでは，300℃を超えるような高温状態で使用されるときに，クリープひずみを考慮して設計する必要があるとされています。

1.8　疲労に対する基準強さ

　　人間は長い時間働くと疲労します。機械も同じで，長い時間使用すると疲労してしまいます。人間なら，一休みすれば元気を回復します。では，機械はどうすればよいのか，機械の疲労への対策を考えなければなりません。

〔1〕　疲　　　　労

機器は，長期間使用すると破損に至ります。多くの機器の破損は，**図1.14**

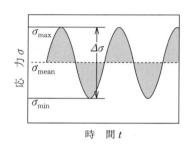

図1.14　繰返し負荷

に示すような繰返し負荷がかかることによって生じます。これを**疲労**（fatigue）と呼びます。

　　仮に材料の降伏応力よりかなり小さな応力しか生じないとしても，長期間使用することによって，機器は必ず疲労し，最終的に破損に至ります。使用されている機器の破損の原因はほとんどがこの疲労によるものですから，疲労に対しては特別な対策が必要となります。

〔2〕　S-N線図と疲労限

　　設計段階で参考にする基準強さは，**図1.15**に示すS-N**線図**から求められます。試験片に図1.14に示したような繰返し負荷を与え，破断時の繰返し回数を調べてみます。

　　この繰返し負荷の振幅の半分をSとし，この値を変化させて，破断時の繰返し回数Nの変化を調べていきます。Sを縦軸に，Nを対数で横軸にと

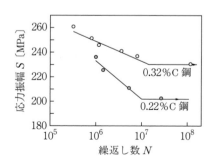

図1.15　S-N線図

ると，$S-N$ 線図が得られます。S が小さくなれば，破断までの繰返し数は増えていくことがわかると思います。

図 1.15 では，S がある限界値より小さくなると，繰返し負荷をそれ以上与えても破断が生じなくなっています。これを**疲労限**と呼びます。多くの材料では $10^5 \sim 10^7$ 回の繰返し負荷で破断しない場合，そのときの S を疲労限としています。繰返し負荷を受ける機器の設計においては，この S が**基準強さ**として使用されます。

1.9　疲労はなぜ起きるのか

　疲労は昔から，機器の故障の第一の原因です。いまだに，多くの機器の故障は疲労により生じています。なぜ疲労による故障を防ぐことが難しいのでしょうか。

〔1〕　材料の不均質性

1.8 節で説明したように，材料の疲労は，降伏応力よりはるかに小さな応力しか生じないように設計しても，長時間繰返し負荷を受けると材料に損傷が累積されていく現象です。降伏応力以下なら応力が小さくなれば元に戻るはずなのに，なぜこうした疲労が起きるのでしょうか。

　答えは，材料の持つ不均質性にあります。**図 1.16** に示すように，金属材料は均質ではありません。不純物が添加され，それらは析出物，介在物として材料中に存在しています。また，金属は小さな結晶の集合体（多結晶体）のため，結晶間の境界である結晶粒界も，ミクロな意味で不均質性の原因になります。また結晶中の転位（結晶格子欠陥）は不均質部そのものです。

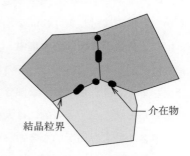

図 1.16　材料の不均質性

〔2〕 応 力 集 中

不均質部があると，その周辺では高い応力が生じることが知られています。

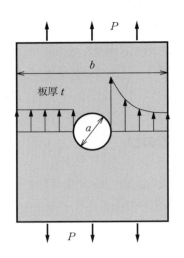

図1.17 円孔を持つ板が引張り力
を受ける場合の応力集中

これを**応力集中**（stress concentration）と呼びます。応力集中の一例を**図1.17**に示します。これは円孔を持つ板が引張り力を受けている場合です。

板厚をtとし，板幅をb，円孔直径をaとします。円孔から離れた位置では応力は

$$\sigma = \frac{P}{bt} \qquad (1.11)$$

となります。しかし，円孔の直径部では断面積が減少しますから，図の円孔左部のように断面内に一様に分布するとすれば，その平均値は

$$\sigma = \frac{P}{(b-a)\,t} \qquad (1.12)$$

のように，式（1.11）の応力より大きくなります。

　しかし，実際には，図の円孔の右に示すような分布となり，円孔縁で最大値をとります。この最大値は式（1.12）の値よりさらに大きくなります。この現象が応力集中です。応力集中の起こる場所では，どの程度の最大応力が発生するか，真剣に検討しなければなりません。

〔3〕 **疲労の原因は応力集中**

　材料内部が不均質構造をしていると，内部ではこのような応力集中が数多く発生します。それらは微小な部分での応力集中ですから，構造全体の平均値には影響しませんが，局所的には大きな応力となります。ですから，平均値の応力が小さくても，局所的な応力集中により材料中には損傷が累積していくのです。

　結晶レベルでの不均質性を完全に除去することは現在の技術では不可能です

から，疲労は不可避的に起こることが避けられません。応力集中の詳しい説明とその対策については，8章で解説します。

（コラム）　**骨と金属の違い**

　骨は人体を力学的に支える構造ですから，力学で取り扱うことができます。しかし，金属と大きく違う点は，骨は使用されるとしだいに丈夫になっていくことです。金属ならしだいに疲労してしまうのですが，骨は逆に強くなるのですね。また，骨折しても自然に治癒します。こうした自己修復や再生機能を持った材料が開発されたら，素晴らしいですね。

1章のまとめ

　本章では，応力とひずみの基礎を説明しました。材料の強度はすべて，この応力とひずみを用いて記述されます。実用的には，材料は降伏応力以下で使用されるべきですから，弾性状態での応力とひずみの関係，すなわちフックの法則がきわめて重要になります。2章以降ではすべて，この弾性範囲内で材料に発生する応力とひずみを考えていくことになります。

　しかし，実際の設計に当たっては，降伏を越えたあとの材料の挙動（応力－ひずみ線図）も理解しておくことが必要です。また，安全率に対する考え方も重要です。

　本章では，機器の設計に当たって材料力学をどのように利用するのか，という考え方の基礎を説明しました。よく理解しておきましょう。

演 習 問 題

（1）　鋼製の丸棒で，重さ10 t の構造物をつり下げる場合を考えます。鋼の降伏応力を 500 MPa，安全率を 2.0 とするとき，丸棒の半径はいくらにすべきでしょうか。

（2）　図 1.18 に示すような肉厚 20 mm の鋼製の中空円筒を作り，これに 3 MN の圧縮荷重を与えます。鋼の圧縮強度（基準強さ）が 800 MPa であるとき，安全率を 2.0 として，この圧縮荷重に耐えうる円筒の外径を求めなさい。

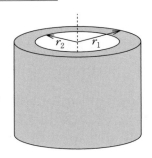

図 1.18

（3）　**図 1.19** のように半径 10 mm の 2 本のリベットで接合した鋼板に $P =$
100 kN の荷重をかけたときにリベットに生じるせん断応力 τ とせん断ひずみ
γ を求めなさい。リベットのせん断弾性係数を 80 GPa とします。

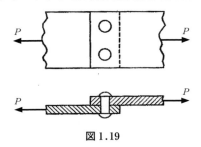

図 1.19

（4）　**図 1.20** のような，内半径 200 mm の円筒形高圧容器に $p = 2$ MPa の圧力ガ
スを密閉し，半径 10 mm のボルト 6 本でふたを締め付けています。ボルトに
生じる引張り応力 σ を求めなさい。

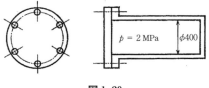

$p = 2$ MPa　　$\phi400$

図 1.20

（5）　半径 r のコンクリート製円柱を垂直に立てます。コンクリートの比重 γ を
23 kN/m^3，許容圧縮応力を 1.2 MPa とすれば，このコンクリート円柱はどこ
まで高くできるか（限界高さ）を計算しなさい。

（6）　弾性状態では応力とひずみが 1 対 1 に対応します。すなわち応力かひずみ
の一方がわかれば他方の値がわかります。しかし弾性域を越えた塑性領域で
はこれが成立しないことを示しなさい。

2

+++++++++++++++

引張りを受ける棒

　1章では，角柱が引張り負荷を受ける場合，各部の寸法がどのように変化するかを計算しました。これらの計算は，応力やひずみが長さ方向に一定値を保っていたため，簡単にできました。本章ではより一般的に，細長い棒に対して長さ方向（軸方向）の負荷が作用するとき棒に生じる応力やひずみ，さらにはその棒の変形までを調べます。

　本章では，長さ方向に垂直な力は考えないことにします（それは次章以降で考えます）。したがって，本章では「力のつり合い」のみを考えて問題を解きます。

2.1　重ね合わせの原理

　構造物へはさまざまな力が作用します。材料力学ではそれらの複雑な力を単純な力の総和としてとらえ，個々の単純な力への応答を考えます。それが可能なのは，「重ね合わせの原理」が成立するからです。

　図2.1はウィンチの略図です。軸を回転させて重量物をつり上げます。このウィンチの各部にはどのような力が作用しているでしょうか。

　図2.2（a），（b）ではウィンチの軸がねじりと下方への引張り力（軸に

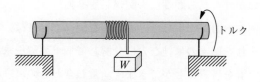

図2.1　重量物をつり上げるウィンチ

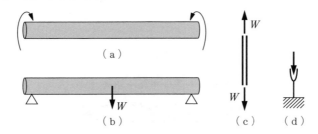

図2.2　ウィンチの各部に作用する力

とっては曲げ）を受けています。また図（c）では重量物を引き上げている鎖には引張り力が働いています。そしてウィンチを支えている支柱には圧縮力が働いています。このように，ウィンチの各部分を分解してみると，すべて，「細長い棒に引張り，圧縮，ねじり，曲げなどの力が作用している」と見ることができます。本章から4章にかけてはそれぞれ，引張りを受ける棒，曲げを受けるはり，ねじりを受ける軸と，それぞれの力が単独で細長い棒に作用する場合について学びます。

　現実の世界では，こうした力が単独で作用することは少なく，いくつかの力が同時に作用します。その場合，「**重ね合わせの原理**」を使うことができます。

　重ね合わせの原理とは，以下のようなものです。

　ある構造に力 P_a が作用したとき，応力 σ_a とひずみ ε_a，変位 u_a が生じるものとします。また，同じ構造に力 P_b が作用したとき，応力 σ_b とひずみ ε_b，変位 u_b が生じるものとします。このとき，もしこの構造に力 P_a と P_b が同時に作用すると，生じる応力，ひずみ，変位はそれぞれが単独で作用したときに生じるそれらの量の単純な和

$$\sigma_a + \sigma_b, \quad \varepsilon_a + \varepsilon_b, \quad u_a + u_b$$

になります。力のかけられる順番にも関係しません。

　したがって，個々の力が作用したときの解を調べておけば，複合された力が作用したときはそれを個々の単純な力に分解して個々の解を求め，それらの和を計算することで解を得ることができます。重ね合わせの原理は弾性体に対して成立する原理です。

2.2 棒の引張りと圧縮

　　まず，棒の長さ方向に力がかかるだけの単純な問題を考えてみましょう。
これはすべて，力のつり合い条件のみを考えるだけで解くことができます。
力は，途中で消えてなくなることはありません。力のつり合いをきちんと理
解しましょう。

例題その 1

　　図2.3のように，断面積A，長さlの棒
が上端を壁に固定され，下端に重さWの
重量物をつり下げている問題を考えます。
この棒の材料の比重がγであるとき，自重
を考慮して，この棒に生じる応力，ひず
み，棒の伸びを考えましょう。

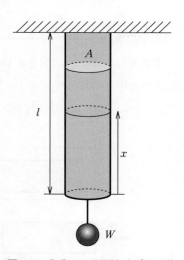

図2.3　荷重Wの引張りを受ける棒

（考　察）---
棒の下端から上に向けてx軸をとります。下端からxの位置での断面に作用する
力Pは，そこから下の部分の重さと重量物の重さの和として

$$P = W + A\gamma x \tag{2.1}$$

で与えられます。すると，応力σとひずみεはそれぞれ

$$\sigma = \frac{P}{A} = \frac{W}{A} + \gamma x, \quad \varepsilon = \frac{\sigma}{E} = \frac{W}{AE} + \frac{\gamma}{E} x \tag{2.2}$$

となります。応力とひずみは棒の長さ方向で変化し，応力，ひずみの最大値は$x = l$

の位置で生じることがわかります。

　棒の長さの変化は，ひずみが一定ではないので，長さをかけるだけでは求めることはできません。下端から x の位置での微小長さ dx が微小な長さ変化 $d\delta$ を生じたとします。するとそこでのひずみは

$$\varepsilon = \frac{d\delta}{dx} = \frac{W}{AE} + \frac{\gamma}{E}x \tag{2.3}$$

ですから，これを積分して

$$\delta = \int_0^l \left(\frac{W}{AE} + \frac{\gamma}{E}x \right) dx = \frac{Wt}{AE} + \frac{\gamma l^2}{2E}x \tag{2.4}$$

を得ることができます。

例題その2 ───────────────────────

　図2.4のように，両端を壁に固定された棒があり，左端から a の位置に右向きの力 P が作用しています。断面積，長さはそれぞれ A，l であるものとします。このとき，この棒の各部に生じる応力とひずみを求めます。

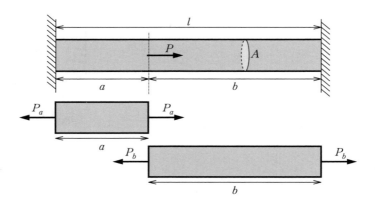

図2.4　荷重 P の引張りと圧縮を受ける棒

（**考　察**）--

　両端を固定する壁は一切変形しない，とても硬い材料でできているものとします。本来そのような材料は存在しませんが，仮想的にそのような材料があると仮定して，これを**剛体**と呼びます。ここでは剛体壁です。

　この問題では，a の部分と b の部分に異なる応力とひずみが生じることになります。

そこで，図のように二つの部分に分けて考え，それぞれに P_a，P_b の力が作用していると仮定します。力の向きを考慮すれば当然

$$P = P_a - P_b \tag{2.5}$$

です。P_a，P_b により，それぞれの部分には次式で表される応力とひずみが生じます。

$$\sigma_a = \frac{P_a}{A}, \quad \sigma_b = \frac{P_b}{A}, \quad \varepsilon_a = \frac{P_a}{AE}, \quad \varepsilon_b = \frac{P_b}{AE} \tag{2.6}$$

各部には，これらのひずみに応じた伸びが発生します。この伸びは，a，b 部でそれぞれ一定のひずみですから，ひずみに長さを掛ければ求められます。しかし，両端が剛体壁に固定されていますから，この棒は長さを変えることはできません。すなわち，それぞれの伸びの和は次式のようにゼロでなければなりません。

$$a\varepsilon_a + b\varepsilon_b = \frac{aP_a}{AE} + \frac{bP_b}{AE} = 0 \tag{2.7}$$

式（2.5）と式（2.7）より，P_a，P_b を求めることができます。

$$P_a = \frac{bP}{a+b} = \frac{bP}{l}, \quad P_b = -\frac{aP}{a+b} = -\frac{aP}{l} \tag{2.8}$$

P_b が負の値になっていることから，b 部には圧縮力が作用していることがわかります。これより，応力とひずみが求められます。

この方法を用いれば，複数の力が作用するときでも同じ方法で解くことができます。章末の「演習問題」にはそうした問題が示してありますので，自分で解いてみてください。

2.3 異なる材料を組み合わせた棒

　鉄筋コンクリート，炭素繊維強化プラスチック（CFRP）など，性質の異なる材料を組み合わせて新しい機能を持たせる複合材料は，現在広く利用されています。それらの応力を知る必要があります。

〔1〕 複合材料の単純なモデル

図 2.5 は，異なる材料でできた棒を組み合わせた構造です。棒 1 と 2 ではヤング率が異なります。棒の長さはともに l で，上下端は剛体板に固定されています。棒 1 の断面積，ヤング率を A_1，E_1 とし，棒 2 のそれらを A_2，E_2 とします。棒 1 は二つに分かれて棒 2 をはさんでおり，左右対称の構造になって

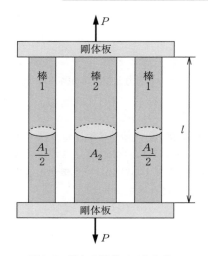

図2.5 異なる材料でできた棒の
組合せ

います。

この構造に図のように上下方向に引張り力 P が作用しているとき，それぞれの棒に生じる応力，ひずみと構造全体の伸びを計算しましょう。

〔2〕 **各部の応力，ひずみ，および伸びの計算**

まず，それぞれの棒に生じる応力を σ_1, σ_2 であると仮定します。応力は単位面積当りの力ですから，それぞれの棒の断面積を掛けると，棒1，棒2が負担している力が求められます。その和が外力 P とつり合っていますから，次式が成立します。

$$\sigma_1 A_1 + \sigma_2 A_2 = P \tag{2.9}$$

ところで，この構造は上下端を剛体板に固定されていますから，一様に伸びます。すなわち，棒1，2ともに，伸びは等しくなり，ひずみは等しいことになります。

$$\varepsilon_1 = \frac{\sigma_1}{E_1} = \varepsilon_2 = \frac{\sigma_2}{E_2} \tag{2.10}$$

式（2.9）と式（2.10）から σ_1, σ_2 および，ひずみが求められます。

$$\sigma_1 = \frac{E_1 P}{A_1 E_1 + A_2 E_2}, \quad \sigma_2 = \frac{E_2 P}{A_1 E_1 + A_2 E_2} \tag{2.11}$$

また，構造全体の伸びは，次式より求めることができます。

$$\Delta l = l\varepsilon_1 = \frac{lP}{A_1 E_1 + A_2 E_2} \tag{2.12}$$

> コラム 複 合 材 料
>
> 　ここで示した構造は，例えば鉄筋コンクリートのようなもので実現していま
> す。また，先進複合材料の代表的な例である **CFRP** も，強い繊維と軽いプラ
> スチックを組み合わせて新しい機能を持つ材料となっています。CFRP はジュ
> ラルミンより軽くて強いため，航空機の部品に多く利用されています。

2.4　骨組み構造 ①：静定問題

　複合材料ではなくても，複数の棒を組み合わせて力を支える構造がありま
す。これは**骨組み構造**と呼ばれます。この問題を解くにはまず，x–y 座標
系での力のつり合いを考えます。

〔1〕　**2本の棒でできた骨組み構造の問題**

　図 2.6 のような，2本の棒でできた骨組み構造を考えます。2本の棒は，ピ
ンにより接合されているものとします。**ピン接合**とは，摩擦のないピン穴を介
してピンにより接合され，棒はこのピン接合部を中心に自由に回転できること

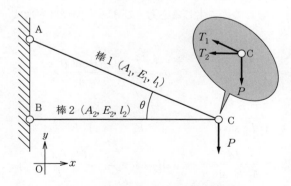

図 2.6　2本の棒でできた骨組み構造

を想定しています。その結果，棒には**軸力**[†1]のみが作用して，曲げモーメント[†2]が作用しません。これらの棒の他端はそれぞれ剛体壁にピン接合されています。

この問題では，棒 AC と棒 BC はそれぞれ，A，B 端を剛体壁にピン結合され，点 C でたがいにピン結合されています。ここで，図のようにピン接合部に力 P が作用する場合，この棒それぞれに生じる応力とひずみ，それに力の作用点の変位を調べてみます。ただし，∠ACB＝θ，∠ABC＝π/2 とします。また，棒 AC，BC をそれぞれ 1，2 の添え字で表します。

〔2〕　**解法：力のつり合いを考える**

まず，力のつり合いを考えます。棒には軸力しか作用していませんので，それらをそれぞれ T_1，T_2 とします。x 方向と y 方向の力のつり合いを考えることができますから，二つの次式が成立します。

$$\left.\begin{array}{l} T_1 \cos\theta + T_2 = 0 \\ T_1 \sin\theta - P = 0 \end{array}\right\} \tag{2.13}$$

これより，ただちに T_1 と T_2 を求めることができます。

$$T_1 = \frac{P}{\sin\theta}, \quad T_2 = -\frac{P\cos\theta}{\sin\theta} = -P\cot\theta \tag{2.14}$$

これより，それぞれの棒に生じる応力，ひずみ，伸びは，次式で与えられます。

$$\left.\begin{array}{ll} \sigma_1 = \dfrac{T_1}{A_1} = \dfrac{P}{A_1 \sin\theta} & \sigma_2 = \dfrac{T_2}{A_2} = -\dfrac{P\cot\theta}{A_2} \\[2mm] \varepsilon_1 = \dfrac{\sigma_1}{E_1} = \dfrac{P}{A_1 E_2 \sin\theta} & \varepsilon_2 = \dfrac{\sigma_2}{E_2} = -\dfrac{P\cot\theta}{A_2 E_2} \\[2mm] \Delta l_1 = l_1\,\varepsilon_1 = \dfrac{Pl_1}{A_1 E_1 \sin\theta} & \Delta l_2 = l_2\,\varepsilon_2 = -\dfrac{Pl_2 \cot\theta}{A_2 E_2} \end{array}\right\} \tag{2.15}$$

---

† 1　**軸力**：軸方向に働く力のこと
† 2　**曲げモーメント**：3.2節参照

力の作用点 C は，これらの伸びにより，点 A を中心とする半径 $l_1 + \Delta l_1$ の円と，点 B を中心とする半径 $l_2 + \Delta l_2$ の円の交点に移動するはずです。しかし，それぞれの変化量は元の長さに比べてたいへん小さいため，**図 2.7** に示すように，AC の延長上 Δl_1 の位置と，BC の延長上 Δl_2 の位置からのそれぞれの垂線の交点 C′ に移動するものと考えることができます。

よって，図を参照して力の作用点 C の x，y 方向の変位は次式のように求められます。

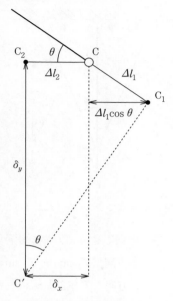

図 2.7 作用点 C はどのように移動するか

$$\left.\begin{aligned}
\delta_x &= \Delta l_2 \\
\delta_y &= \Delta l_1 \sin\theta + \frac{\Delta l_1 \cos\theta + |\Delta l_2|}{\tan\theta} \\
&= \frac{P l_1}{A_1 E_1 \sin^2\theta} + \frac{P l_2}{A_2 E_2}\cot^2\theta
\end{aligned}\right\}$$

$$(2.16)$$

この問題では，力のつり合いだけを考えて軸力を求めることができました。比較的単純な問題です。このような問題を**静定問題**と呼びます。

2.5 骨組み構造②：不静定問題

力のつり合い条件からは x 軸方向と y 軸方向に関する二つの式ができるだけです。骨組み構造の問題の中には，それだけでは解けない問題もあります。そのときは，変形の条件も考えなければなりません。

〔1〕 3本の棒が1点でピン結合されている問題

ここでは，3本の棒がたがいに一端を剛体壁にピン結合され，他端が1点で

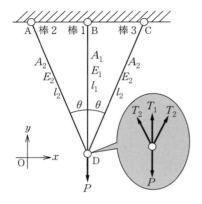

図2.8　1点でピン結合された3本の棒

ピン結合されている構造に，**図2.8**のような力Pが作用する問題を考えます。ただし，左右にある棒2と棒3は対称の位置にあるものとし，棒1は壁に垂直にピン結合しているものとします。各棒に作用するのは軸力だけですから，棒1に作用する軸力をT_1，棒2と3に作用する軸力をT_2とします。

〔2〕　**解法：つり合いと変位の条件を考える**

前節と同じように力のつり合いを調べてみると，次式が得られます。

$$\left.\begin{array}{l} x\,\text{方向：}\ T_2 \sin\theta - T_2 \sin\theta = 0 \\ y\,\text{方向：}\ T_1 + 2T_2 \cos\theta - P = 0 \end{array}\right\} \tag{2.17}$$

このように，x軸方向の力のつり合い式は単なる恒等式です。y軸方向の力のつり合い式だけでは，軸力T_1とT_2を求めることはできません。もう一つの条件式が必要となります。

その式は，変位の条件から得ることができます。それぞれの棒が軸力に応じて伸びたとき，1点で結合されている点Dがばらばらに離れないためには，それぞれの棒に生じる伸びに制限が生じます。棒BDの伸びをΔl_1，棒AD，CDの伸びをΔl_2とすると，それらは次式のように表すことができます。

$$\Delta l_1 = \frac{T_1 l_1}{A_1 E_1}, \quad \Delta l_2 = \frac{T_2 l_2}{A_2 E_2} \tag{2.18}$$

図2.9に示すように，点Dがばらばらにならないためには，それぞれの伸びの間に，次式の関係が必要となります。

$$\Delta l_1 \cos\theta = \Delta l_2 \tag{2.19}$$

これからT_1とT_2を求めることができます。

$$T_1 = \frac{P}{1 + 2\cos^3\theta \ (A_2 E_2 / A_1 E_1)}$$

$$T_2 = \frac{P\cos^2\theta}{(A_1 E_1 / A_2 E_2) + 2\cos^3\theta}$$

$$\left.\right\}$$

(2.20)

点 D の変位は

$$\delta_x = 0, \quad \delta_y = \Delta l_1 \qquad (2.21)$$

このように，軸力を求めるために変位の条件も
考慮しなければならない問題を**不静定問題**といい
ます。

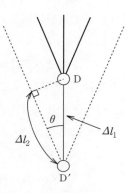

図2.9 点 D がばらばらに
ならないように，棒の伸
びが制限される

2.6 熱 応 力

　機械部品は使用中に必ず熱を発生します。熱の発生に伴って，機械を構成
する材料は熱膨張し，それにより熱応力が生じます。機械の使用を止めると
温度が低下しますから，熱応力もなくなります。これを繰り返すと，機械は
熱疲労することになります。熱応力はあらゆる機器，構造に生じる問題です
から，正確に理解する必要があります。

〔1〕 熱ひずみと熱応力

　図2.10（a）は，一端のみを剛体壁に固定され，他端は自由になっている
棒を示しています。また図（b）は，両端を剛体壁に固定された棒を示してい

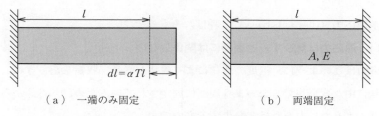

（a）　一端のみ固定　　　　　　（b）　両端固定

図2.10　一端が自由な棒と，両端固定の棒

ます。棒の材質は同じとしヤング率を E,長さを l,断面積を A,熱膨張率を α とします。

いま,この2本の棒が共に T〔℃〕だけ温度が上昇したとします。一端が自由な棒は,これによって $\Delta l = \alpha l T$ だけ伸びます。すなわち,**熱ひずみ**(thermal strain)αT が生じました。しかし,この熱ひずみによって棒に応力が発生するわけではありません。棒には外力が作用していないからです。

一方,図(b)のように両端を固定されている棒にも,同じ熱ひずみが生じています。しかし,両端を固定されているために,この棒は伸びることができません。すなわち,この棒は剛体壁から外力として圧縮力を受けていることになります。その圧縮力を P とすると,これによる応力,ひずみはそれぞれ次式のようになります。

$$\sigma = \frac{P}{A}, \quad \varepsilon = \frac{\sigma}{E} = \frac{P}{AE} \tag{2.22}$$

これは弾性ひずみです。弾性ひずみが生じた結果として,この棒のひずみがゼロであるということは,熱ひずみと弾性ひずみの和がゼロであるということになります。すなわち

$$\alpha T + \frac{P}{AE} = 0, \quad \therefore P = -\alpha TAE \tag{2.23}$$

このように,棒に生じた圧縮応力を求めることができ,これより棒に生じる応力を計算することができます。

$$\sigma = \frac{P}{A} = -\alpha TE \tag{2.24}$$

これが**熱応力**(thermal stress)と呼ばれるものです。

〔2〕 **熱応力は熱ひずみと直接には関係しない**

熱応力はこのように,温度の変化により構造が膨張,収縮したときに,それにより自由な変形ができないよう周囲に固定されているために,外部から変形を妨げるような外力を受けて発生するものです。

また,弾性ひずみは応力と直接関係していますが,熱ひずみは応力とは直接

関係しません。熱応力は熱ひずみにヤング率を掛けたものではないことを正しく理解してください。

2章のまとめ

　本章では，棒に軸力が作用する問題を考察しました。軸力だけしか作用していませんので，ここでは力のつり合いのみを考慮して問題を解きました。

　棒の内部に生じる応力は，外力と力のつり合いを保っていることが基本になっています。力は途中で消滅することはありませんし，新たに突然発生することもありません。棒の長さ方向に課せられた力は，どの断面でも同じ値で作用しています。そこから応力やひずみ，伸びが計算できます。このことを，章末の「演習問題」を解くことでしっかりと確認しましょう。

　ただし，最後に説明した熱応力は別です。この応力はひずみとは直接関係しません。弾性ひずみは応力から計算できますが，熱応力は熱ひずみから直接には計算できません。このことも正確に理解しておきましょう。

演 習 問 題

（1）　図2.11のように，断面積 A，長さ l の棒があり，その一端を剛体壁に固定され，他端は剛体壁と δ だけ離れています。このとき，図の2点，左端から a および $2a$ の位置に，図に示す方向に同じ大きさの力 P が作用しています。棒のヤング率を E として，この棒の各部に生じる応力とひずみを求めなさい。ただし，$\delta \ll l$ であるものとします。

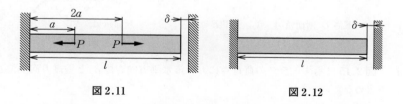

図 2.11　　　　　　　　図 2.12

（2）　図2.12のように一端を剛体壁に固定された棒があります。断面積は A，ヤング率は E，線膨張率は α です。また，棒の右端と剛体壁との間隔は δ です。この棒の温度が T〔℃〕だけ上昇したとき，この棒に生じる応力とひずみを求めなさい。ただし $\delta \ll l$ とします。

（3）　図2.13に示すように円環の中に円柱を設置し，上下を剛体板で接合しました。この板に上下から圧縮荷重 P を負荷します。ただし，材料の縦弾性定数 $E_1 = 200\,\text{GPa}$，$E_2 = 72\,\text{GPa}$，荷重 $P = 100\,\text{kN}$，$d_0 = 12\,\text{mm}$，$d_1 = 18\,\text{mm}$，$d_2 = 20\,\text{mm}$ とします。このとき生じるひずみを求めなさい。また，円環および円柱に生じる応力を求めなさい。

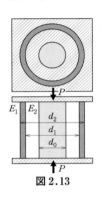

図2.13

（4）　図2.14に示すトラスの荷重点における水平方向変位 δ_x と垂直方向変位 δ_y を求めなさい。

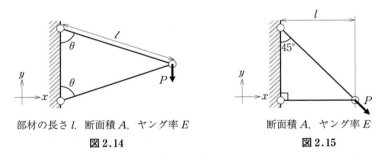

部材の長さ l，断面積 A，ヤング率 E

図2.14

断面積 A，ヤング率 E

図2.15

（5）　図2.15に示すトラスの荷重点における水平方向変位 δ_x と垂直方向変位 δ_y を求めなさい。

3

+ + + + + + + + + + + + + + +

は　り　の　曲　げ

　細長い棒の横方向に荷重や曲げモーメントを受けるとき，その棒は，**はり**（beam）と呼ばれます。はりは，一般の構造物に使われている基本的な構造要素です。例えば，鉄骨による骨組み構造を持つビルや橋梁，バイクや自転車などのフレームなどに使われています。本章では，構造の基本となるはりの曲げについて考えます。

3.1　は　　　　　　　り

　はりは前述したように，一般の構造物に使われている基本的な構造要素です。したがって，はりの応力状態や変形（たわみ）が計算できると構造の強度を決定し，より適切な設計が可能となります。

〔1〕　はりの荷重方法と支持方法

　はりは曲がり，応力を生じます。はりの挙動を考えるうえでは，荷重方法とその固定方法によって，内部に生じるせん断力やモーメントは異なってきます。つまり，たわみ方と内部に生じる応力が異なります。

　ここでは，はりの挙動を単純化して，3種類の荷重方法と3種類の支持方法のみで考えます。もちろん，実際の構造物では，図3.1のように，y 方向以外の荷重，モーメント，そして，より複雑な荷重や支持が同時に作用すると考えられます。ただ，ここでは，はりの問題を単純化してその挙動の本質をとらえるために，つぎに示す荷重方法と支持方法のみを扱うこととします。

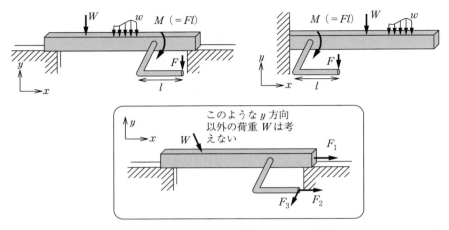

図3.1 はりへの荷重は3種類に単純化して考える

（1） 3種類の荷重

① **集中荷重** W 　 点に荷重が負荷される状態をいいます。現実には，点における荷重は存在しませんが，十分に狭い領域に荷重がかかる場合は集中荷重とみなせます。

② **分布荷重** w 　 ある領域にわたって荷重が分布する状態をいいます。分布荷重には，その分布が不均一なものと，同じ大きさの荷重が均等に負荷する等分布荷重とがあります。

③ **モーメント荷重** M 　 軸をねじることにより発生し，物体を回転させようとする力をモーメント荷重と呼びます。モーメント M は，**図3.2**に示すような力×距離 (Fl) により定義されます。

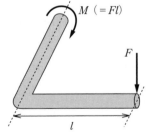

図3.2 モーメントの定義

（2） 3種類の支点

はりの支持方法では，**図3.3**に示すような3種類の支点を考えます。

① **回転支点** 　 物体が，支持点を中心に回転することはできるが，移動は

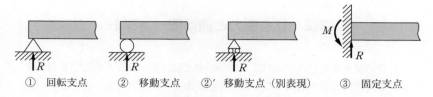

① 回転支点　② 移動支点　②′ 移動支点（別表現）　③ 固定支点

図 3.3　はりの支点は 3 種類に単純化して考える

できない支点をいいます。

②，②′　移動支点　　荷重を支えて反力を生じるが，左右方向へは移動可能な支点をいいます。

③　固定支点　　曲がることも移動することもできない，完全に固定された支点をいいます。反力 R とモーメント M が発生します。

〔2〕　**支持方法の組合せ**

これらの支持方法を組み合わせたはりの例を**図 3.4** に示します。

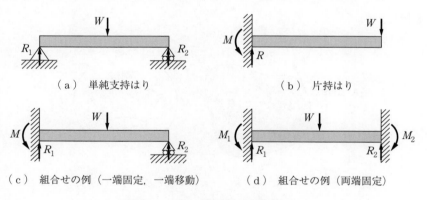

（a）　単純支持はり　　　　　　　　　　（b）　片持はり

（c）　組合せの例（一端固定，一端移動）　　（d）　組合せの例（両端固定）

図 3.4　はりの支持方法の組合せ例

単純支持はり（simply support beam）とは，一端を回転支点，もう一端を移動支点で支持したはりです。**片持はり**（cantilever）とは，一端を固定支点としてもう一端を固定しない（自由端）はりです。

3.2 せん断力と曲げモーメント

　はりの変形を生じさせる力は，せん断力と曲げモーメントの二つを考えます。せん断力では，右肩下がりのせん断変形を生じる力を＋，その逆を－とします。曲げモーメントでは，下向きに凸に曲げるモーメントを＋，その逆を－とします。

〔1〕　**曲げモーメント**

　図3.1のような荷重を受けると，はりの断面内には外力を支えるための**せん断力**（shearing force）と**曲げモーメント**（bending moment）が生じます。

　モーメントとは，**図3.5**（a）のような，物体を回転させようとする力のことです。通常，物体に力が作用すると，任意の点において回転力を生じます。はりの曲げモーメントは，図（b）のような，部材を曲げようとする回転力を指します。

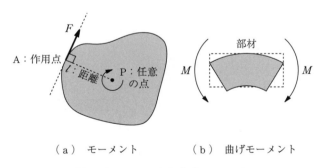

（a）　モーメント　　　（b）　曲げモーメント

図3.5　モーメントと曲げモーメント

〔2〕　**せん断力と，正負の向き**

　せん断力とは，物体をせん断させようとする力です。本章では，**図3.6**に示すような方向を，せん断力の正負として定めます。左側端を固定して見たときに，下側へせん断力が働く場合を＋，上側へせん断力が働く場合を－とします。

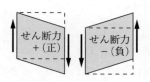

図 3.6 せん断力の + と -

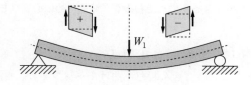

図 3.7 はりにおけるせん断力の + と -

中心に集中荷重を受けるはりでは，その荷重点の左側でせん断力が +，右側でせん断力が - となることがわかるでしょう。この様子を**図 3.7** に示します。

〔3〕 **曲げモーメントの正負の向き**

曲げモーメントについても，**図 3.8** のように正負を定めておきます。上側が縮み，下側が伸びるような曲げモーメントを + とします。上側が伸び，下側が縮むような曲げモーメントを - とします。

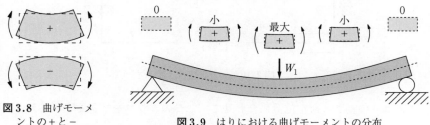

図 3.8 曲げモーメントの + と -

図 3.9 はりにおける曲げモーメントの分布

図 3.9 に示す中心に集中荷重を受けるはりでは，全体にわたって + の曲げモーメントが生じていますが，その両端では曲げモーメントが 0 です。荷重点で最大の曲げモーメントが生じています。

3.3 せん断力線図と曲げモーメント線図

せん断力とモーメントを求めて線図を描くことにより，変形の様子が理解しやすくなります。これらの図をそれぞれ，せん断力線図（S. F. D.[1]）と曲げモーメント線図（B. M. D.[2]）と呼びます。これらの線図は，はりに

---

† 1 **S. F. D.**：Shearing Force Diagram の略称
† 2 **B. M. D.**：Bending Moment Diagram の略称

分布する応力とたわみを求めるために必要なものです。

〔1〕 **S. F. D. と B. M. D.**

ここでは，せん断力と曲げモーメントが，軸方向にどのように分布するかを考えます。

まず，座標系の取り方，および部材内の力の符号の取り方について決めておきます。**図3.10** のように，集中荷重 W_1 が左端から l_1 の位置に作用する，長さ l の単純支持はりを考えます。この荷重により，支持点にそれぞれ，R_1，R_2 の反力が生じます。

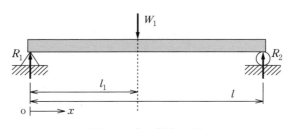

図3.10 集中荷重のはり

このはりの長さと荷重位置に合わせて，二つのグラフを描きます。これが，**せん断力線図（S. F. D.）** と**曲げモーメント線図（B. M. D.）** です。

せん断力と曲げモーメントは共に，はりを変形させるための力です。したがって，はりに生じるひずみ，応力，たわみを求めるためには，必要不可欠な線図です。

〔2〕 **S. F. D. の描き方**

はりに生じるせん断力と曲げモーメントは，はりがつり合いの状態にあると考えて求めることができます。**図3.11** につり合い状態を考えるための模式図を示します。つぎの手順 ①〜⑤ で，せん断力および曲げモーメントを計算します。

手順 ①   座標系の原点を左端に取ります。このとき，右向きに＋です。

手順 ②   原点より x だけ離れた任意断面 X–X′ を決めます。

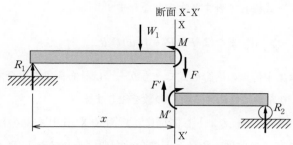

任意断面 X における力とモーメントのつりあい

図 3.11　はりがつり合いの状態にあると考える

手順③　　モーメントのつり合いより，反力 R_1, R_2 を求めます[†]。片持はりの場合は，反力と荷重は等しくなります。

次式は，原点を中心としたモーメントの関係式で，R_2 の反力によるモーメントと，原点から l までの荷重によるモーメントの和が 0 になることを示しています。

$$R_2\,l - \sum_{i=1}^{n} W_i\,l_i = 0 \ \ \text{または} \ \ R_2\,l - \int_0^l w(t)t\,dt = 0 \tag{3.1}$$

$$R_1 + R_2 = \sum_{i=1}^{n} W_i \ \ \text{または} \ \ R_1 + R_2 = \int_0^l w(t)\,dt \tag{3.2}$$

式（3.1）は，原点を中心としたモーメントのつり合いを示す式です。最初の式は集中荷重の場合で，もう一つの式は分布荷重の場合の式です。式の意味することは同じです。

式（3.2）は，反力の合計は与えられた荷重に等しいことを示す式です。式（3.1）と同様に，最初の式は集中荷重，もう一つは分布荷重の場合です。

手順④　　はりはつり合いの状態（静止状態）になっており，断面 X–X′ の右側と左側の力はつねに $F = -F'$, $M = -M'$ という関係が成り立ちます。つまり，断面内では力の和は 0 となります。断面内で力の和が 0 より，断面 X–X′ より右側の部分は考えずに，断面より左側の力の合計がせん断力 F とな

[†]　モーメントのつり合いのみでは求められない場合もあります。2.5 節参照。

ります。これを式にして表すと次式となります。

$$F = R_1 - \sum_{i=1}^{n_x} W_i \quad \text{または} \quad F = R_1 - \int_0^x w(t)\,dt \qquad (3.3)$$

最初の式は集中荷重の場合の式で，もう一つは分布荷重の場合です。n_x は，断面 X–X′ より左側に作用する荷重の数を表します。

手順⑤　曲げモーメントも同様に，断面 X–X′ より右側の部分は考えずに，断面より左側の曲げモーメントの合計が曲げモーメント M となります。これを式にして表すと次式となります。

$$\left.\begin{aligned} M &= M_1 + R_1\,x - \sum_{i=1}^{n_x} W_i\,(x - l_i) \\ M &= M_1 + R_1\,x - \int_0^x w(t)\,(x - t)\,dt \end{aligned}\right\} \qquad (3.4)$$

M_1 は原点にて作用する曲げモーメントです。ただし，この例では作用していません。

これもせん断力と同様に，最初の式は集中荷重の場合の式で，もう一つは分布荷重の場合です。n_x は，断面 X–X′ より左側に作用する荷重の数を表します。

〔3〕　**計算例：中央に集中荷重を受ける単純支持はりの B. M. D. と S. F. D.**

さて，手順 ①〜⑤ に従って，本節最初に掲げたはりのせん断力 F と曲げモーメント M を具体的に求めてみましょう。

手順①，②　図 3.11 と同じに定めます。

手順③　集中荷重の式（3.1）より

$$R_2\,l - W l_1 = 0, \quad \therefore\ R_2 = \frac{l_1}{l} W$$

となります。

以降，集中荷重の式を用います。式（3.2）より

$$R_1 + R_2 = W, \quad R_1 + \frac{l_1}{l} W = W, \quad \therefore\ R_1 = \frac{l - l_1}{l} W$$

となります。

手順④　W が作用している $0<x<l_1$ と，$l_1<x<l$ の二つの場合について考える必要があります。

④-1　$0<x<l_1$ のとき　作用する力は R_1 のみです。集中荷重はないため，式 (3.3) より

$$F_1 = R_1 = \frac{l-l_1}{l}W$$

④-2　$l_1<x<l$ のとき　作用する力は R_1 と W です。したがって

$$F_2 = R_1 - W = -\frac{l_1}{l}W = -R_2$$

となります。

手順⑤　せん断力と同様に W が作用している $0<x<l_1$ と，$l_1<x<l$ の二つの場合について考える必要があります。

⑤-1　$0<x<l_1$ のとき　$x=0$ では曲げモーメントは作用しておらず，$M_1=0$ です。また，R_1 による曲げモーメントのみです。したがって式 (3.4)

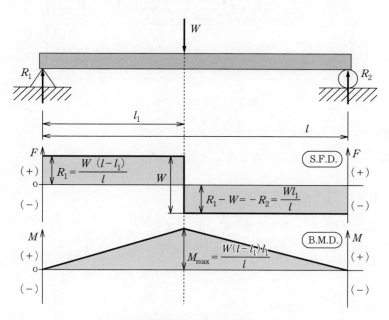

図 3.12　集中荷重の S. F. D. と B. M. D.

より

$$M = R_1\,x = \frac{l - l_1}{l} W x$$

⑤-2 $l_1 < x < l$ のとき R_1 および W による曲げモーメントのみです。
式（3.4）より

$$M = R_1\,x - W\,(x - l_1) = (R_1 - W)x + W l_1 = -\frac{l_1}{l} W x + W l_1$$

となります。

　これらのグラフを描くと，**図 3.12** に示すようになります。

　〔**4**〕　**計算例：分布荷重を受ける単純支持はりの B. M. D. と S. F. D.**

　本節最初に掲げたはりに，**図 3.13** のような分布荷重がかかっている場合を
考えます。

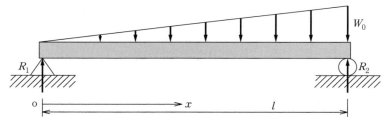

図 3.13　分布荷重のはり

　手順 ①, ②　　図 3.13 のように定めます。

　手順 ③　　　分布荷重は原点で 0，左端で W_0 だから

$$w(x) = \frac{x}{l} W_0 \tag{a}$$

です。これを用いて，分布荷重の式（3.1）より

$$R_2\,l - \int_0^l w(t)\,t\,dt = 0$$

$$R_2\,l - \int_0^l \frac{W_0}{l}\,t^2\,dt = 0$$

$$R_2\,l-\left[\,\frac{W_0}{3l}\,t^3\,\right]_0^l=0$$

$$R_2\,l-\frac{1}{3l}\,W_0\,l^3=0$$

$$R_2=\frac{1}{3}\,W_0\,l$$

です。以降，分布荷重の式を用います。また，式 (3.2) より

$$R_1+R_2=\int_0^l w(t)\,dt=\int_0^l \frac{W_0}{l}\,t\,dt=\left[\,\frac{W_0}{2l}\,t^2\,\right]_0^l=\frac{1}{2l}\,W_0\,l^2$$

$$R_1=\frac{1}{6}\,W_0\,l$$

となります。

手順④　せん断力は，式 (3.3) より

$$F=R_1-\int_0^x w(t)\,dt$$

$$F=\frac{1}{6}W_0\,l-\frac{1}{2l}W_0\,x^2 \tag{b}$$

です。

手順⑤　曲げモーメントは，式 (3.4) より

$$M=R_1\,x-\int_0^x w(t)\,(x-t)\,dt=\frac{1}{6}W_0\,lx-\int_0^x \frac{W_0}{l}\,t(x-t)\,dt$$

$$=\frac{1}{6}W_0\,lx-\frac{W_0}{l}\left[\,\frac{xt^2}{2}-\frac{t^3}{3}\,\right]_0^x$$

$$M=\frac{W_0}{6}lx-\frac{W_0}{6l}x^3 \tag{c}$$

となります。

これら式 (b), (c) より，**図 3.14** の S. F. D. と B. M. D. が得られます。

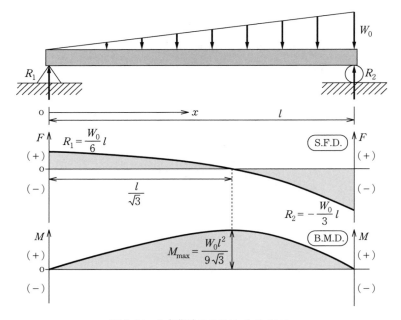

図 3.14　分布荷重の S. F. D. と B. M. D.

せん断力の最大値は，$x = l$ において

$$-\frac{W_0}{3}l$$

です。

また，曲げモーメントの最大値は，$x = l/\sqrt{3}$ において

$$M_{\max} = \frac{1}{9\sqrt{3}}\,W_0\,l^2$$

です。

3.4　S. F. D. と B. M. D. の例

　ここでは，S. F. D. と B. M. D. の例をいくつか示します。変形の様子と，S. F. D. と B. M. D. の関係をよく考えてみましょう。また，3.6 節で説明

するはりのたわみ量とたわみ角も，これらの線図を参考にして考えてみてください。

〔1〕　複数の集中荷重を受ける単純支持はり

S.F.D. と B.M.D. は，**図 3.15** のとおりです。

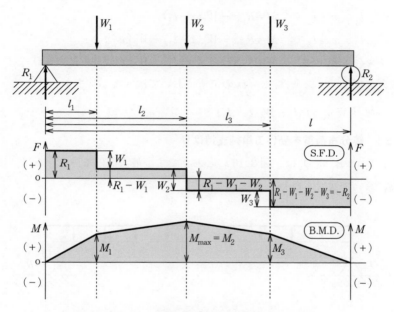

図 3.15　三つの集中荷重を受ける単純支持はり

反力，せん断力，モーメントの大きさは，それぞれつぎのとおりです。

（1）　反　力

$$R_1 = \frac{W_1(l-l_1) + W_2(l-l_2) + W_3(l-l_3)}{l}$$

$$R_2 = \frac{W_1 l_1 + W_2 l_2 + W_3 l_3}{l}$$

（2）　せん断力

①　$0 \leq x \leq l_1$ で　$F = R_1$

② $l_1 \leqq x \leqq l_2$ で $F = R_1 - W_1$

③ $l_2 \leqq x \leqq l_3$ で $F = R_1 - W_1 - W_2$

④ $l_3 \leqq x \leqq l$ で $F = R_1 - W_1 - W_2 - W_3 = -R_2$

（3） 曲げモーメント

① $0 \leqq x \leqq l_1$ で $M = R_1 x$

② $l_1 \leqq x \leqq l_2$ で $M = R_1 x - W_1(x - l_1)$

③ $l_2 \leqq x \leqq l_3$ で $M = R_1 x - W_1(x - l_1) - W_2(x - l_2)$

④ $l_3 \leqq x \leqq l$ で $M = R_1 x - W_1(x - l_1) - W_2(x - l_2) = R_2(l - x)$

最大曲げモーメントは，$x = l_2$ の位置において次式となります。

$$M_2 = M_{\max} = R_1 l_2 - W_1(l_2 - l_1)$$

〔2〕 等分布荷重を受ける単純支持はり

S. F. D. と B. M. D. は，**図 3.16** のとおりです。最大曲げモーメントは，はり中央において次式となります。

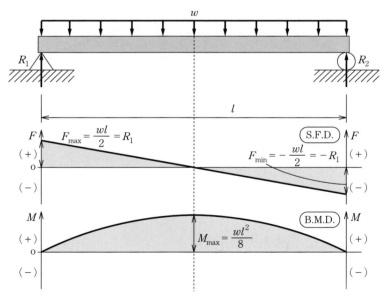

図 3.16 等分布荷重を受ける単純支持はり

$$M_{\max} = \frac{wl^2}{8}$$

〔3〕　自由端に集中荷重を受ける片持はり

S. F. D. と B. M. D. は，**図 3.17** のとおりです。最大曲げモーメントは，固定端において次式となります。

$$M_{\max} = -Wl$$

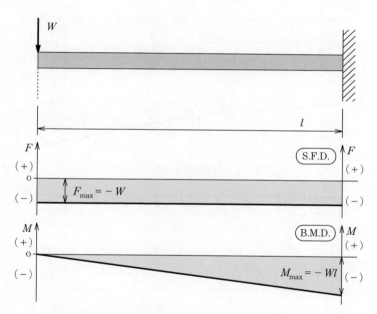

図 3.17　自由端に集中荷重を受ける片持はり

〔4〕　二つの集中荷重を受ける片持はり

S. F. D. と B. M. D. は，**図 3.18** のとおりです。最大曲げモーメントは固定端において次式となります。

$$M_{\max} = -W_1 l - W_2(l - l_1)$$

〔5〕　等分布荷重を受ける片持はり

S. F. D. と B. M. D. は**図 3.19** のとおりです。最大曲げモーメントは固定端に

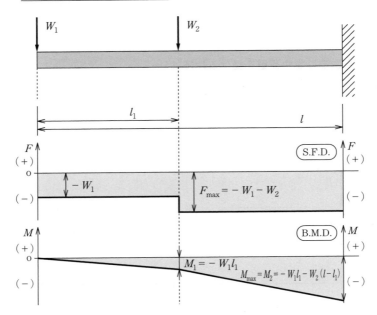

図 3.18 二つの集中荷重を受ける片持はり

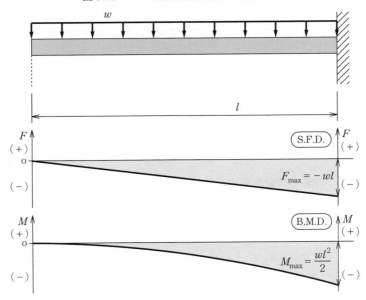

図 3.19 等分布荷重を受ける片持はり

おいて次式となります。

$$M_{\max} = -\frac{wl^2}{2}$$

3.5 はりに生じる応力

　例えば物差しのような，断面の縦横の比が大きく異なるはりでは，同じ荷重および拘束条件では，S. F. D. および B. M. D. は同じになります。しかし，皆さんの経験から，力を加える方向によって，たわみやすさが違うことはわかるでしょう。本節では，断面形状によって，生じる応力が異なることを考えます。

〔1〕 断面形状によるたわみ方の違い

　ここでは，はりに生じる応力の分布を考えます。**図 3.20** のように，断面形状以外は同じ条件のはりを考えましょう。

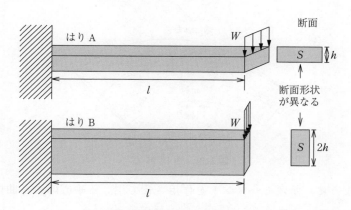

図 3.20　断面形状以外は同じはり

　この二つのはりの S. F. D. と B. M. D. は，同じになります。しかし，経験的には，はり A のほうがたわみやすく，はり B のほうがたわみにくいことはわかるでしょう。つまり，同じ力を加えても，断面形状によりたわみ方が異なる

のです。

　この例では，面積一定で断面高さが2倍異なれば，断面に発生する最大応力が2倍も違うことになります。つまり，断面内に分布する応力が異なるために，たわむ量が異なるのです。

　これまでは，一方向のみの応力とひずみを考えてきましたが，はりに生じる応力を考えるためには，それでは不十分であることを示しています。

〔2〕　曲 げ 応 力

　図3.21のような物体に，曲げモーメントを作用させます。すると，上側は伸び，下側は縮みます。このように伸びや縮みが生じるのは，垂直応力が作用したからです。

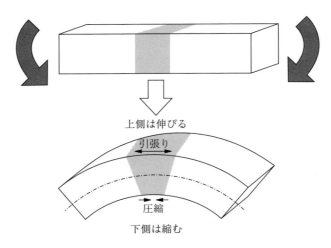

図3.21　曲 げ 応 力

　このように，曲げモーメントを作用させて生じる垂直応力を**曲げ応力**（bending stress）と呼びます。

　はりに荷重を与えると，せん断力と曲げモーメントが生じ，はりがたわみます。別の言い方をすれば，せん断応力と曲げ応力によりはりが変形するのです。

　せん断応力はある面に対してずれを生じさせるような変形を生じさせる応力

です。曲げ応力は，はりの上端部と下端部に圧縮と引張りを生じさせます。これは，垂直応力により生じる変形です。つまり，せん断力によるせん断応力と，曲げモーメントによる垂直応力によって，はりはたわむのです。

材料力学の分野では，おもに曲げモーメントによりはりがたわむと仮定し，はりのたわみ量を求めます。一般には，せん断応力に比べて曲げ応力の値が格段に大きいため，「はりは曲げ応力のみでたわむ」とする仮定は妥当です。しかし，実際にはせん断応力と垂直応力によりはりのたわみが生じているのです。

〔3〕 **中立面と中立軸**

棒状の物体に曲げモーメントを与えると，上に凸に変形します。このとき，その上側は伸び，下側は縮みます。上で伸びて下で縮めば当然，長さが変化しない面が存在するはずです。それを**中立面**（neutral surface）と呼びます。

つぎに，任意の位置におけるはりの断面を考えましょう。その断面と中立面の交線を**中立軸**（neutral axis）と呼びます。また，断面の重心を連ねた線を**縦主軸**（longitudinal principal axis）と呼びます。

図 3.22 に中立面，中立軸と縦主軸を示します。中立軸は断面の重心を通り，縦主軸は中立面内を通ります。中立面，中立軸，縦主軸では長さが変化しないため，垂直応力が生じません。はりのたわみを考えるときは，この縦主軸のたわみを代表して考えます。

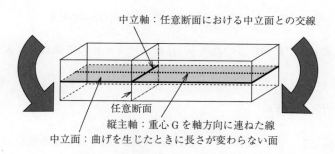

中立軸：任意断面における中立面との交線

任意断面

縦主軸：重心 G を軸方向に連ねた線

中立面：曲げを生じたときに長さが変わらない面

図 3.22 中立面と中立軸，縦主軸

〔4〕 はりのたわみ方

曲げモーメントを受けるはりや，たわんでいるはりの一部分は，円形にたわんでいるとみなせます。この様子を**図3.23**に示します。その各部位の半径 ρ [†] を考えれば，どの程度のひずみが生じて，どの程度の応力が生じたかを知ることができます。

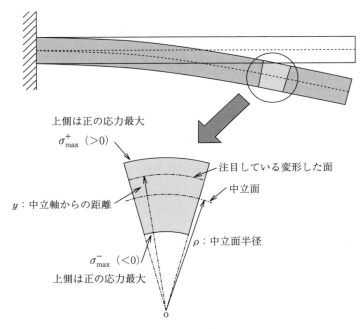

図3.23　たわんだはりの一部分は，円形とみなせる

応力 σ と ρ，中立軸からの距離 y（中立面に垂直）の関係式は，次式になります。

$$\sigma = E\varepsilon = \frac{E}{\rho} y \tag{3.5}$$

この垂直応力が曲げ応力です。応力の絶対値が最も高くなる部位は，**図3.24** の $\sigma_{\max}^{+}$ または $\sigma_{\max}^{-}$ のどちらかです。つまり，中立軸から最も離れた箇所で，

[†] ρ　ギリシャ文字の一つ。「ロー」と読みます。

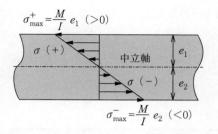

$$\sigma^+_{\max} = \frac{M}{I} e_1 \ (>0)$$

$\sigma\ (+)$　　中立軸

e_1

$\sigma\ (-)$

e_2

$$\sigma^-_{\max} = \frac{M}{I} e_2 \ (<0)$$

図 3.24 中立軸から最も離れた箇所で，ひずみが最大になる

最も伸びや縮みが大きくなります。ひずみおよび応力の大きさが最大となることがわかります。

〔5〕 **断面二次モーメントと曲げ剛性**

具体的に応力を求める前に，力のつり合いから求められる重要な式を示します。

$$\frac{1}{\rho} = \frac{M}{EI} \tag{3.6}$$

この式は，軸方向の応力の和は 0 であることと，中立軸に関する応力のモーメントは，その位置に作用するモーメントに等しいことから求められます。

I は**断面二次モーメント**（geometrical moment of inertia）と呼ばれる量で，はりの断面形状のみにより決定される量です。特に，EI を**曲げ剛性**（flexural rigidity）と呼びます。EI ははりの曲がりにくさを表す量で，これが大きければはりは曲がりにくくなります。断面形状を工夫して EI を大きくとれば，重量を軽くしつつ曲げ剛性を高めることができます。

式（3.5）に式（3.6）を代入すれば，次式が得られます。

$$\sigma = \frac{M}{I} y \tag{3.7}$$

中立軸からの上端および下端面までの距離を e_1，e_2 とすれば，それぞれの位置で応力は + の最大値，− の最大値をとります（図 3.24 参照）。

$$\sigma^+_{\max} = \frac{M}{I} e_1 = \frac{M}{Z_1}, \quad \sigma^-_{\max} = \frac{M}{I} e_2 = \frac{M}{Z_2} \tag{3.8}$$

ここで

$$Z_1 = \frac{I}{e_1}, \quad Z_2 = \frac{I}{e_2} \tag{3.9}$$

を中立軸に関する**断面係数**（section modulus）と呼びます。式（3.9）の二つの値のうち，絶対値の大きいほうが最も降伏や破損に至りやすいのです。すな

わち，Z_1，Z_2 の小さいほうの位置が，最も注意を要するわけです。

表3.1に，代表的な断面形状と，それぞれの面積，e_1，e_2，断面二次モーメントなどをまとめておきます。ここに示した形状が，基本的形状および一般に流通している部材の断面形状です。

表3.1 断面二次モーメントと断面係数

形　状	面積 A	e_1, e_2	断面二次モーメント I	断面係数 Z
	bh	$\dfrac{1}{2}h$	$\dfrac{1}{12}bh^3$	$\dfrac{1}{6}bh^2$
	$\dfrac{1}{2}bh$	$e_1=\dfrac{1}{3}h$ $e_2=\dfrac{2}{3}h$	$\dfrac{1}{36}bh^3$	$Z_1=\dfrac{1}{12}bh^2$ $Z_2=\dfrac{1}{24}bh^2$
	h^2	$\dfrac{\sqrt{2}}{2}h$	$\dfrac{1}{12}h^4$	$\dfrac{\sqrt{2}}{12}h^3$
	h^2-a^2	$\dfrac{\sqrt{2}}{2}(h-a)$	$\dfrac{1}{3}h(h-a)^3$ $-\dfrac{1}{4}(h-a)^4$	$\dfrac{1}{6\sqrt{2}}(h+3a)(h-a)^2$
	$\dfrac{1}{2}(b_1+b_2)h$	$e_1=\dfrac{h(b_1+2b_2)}{3(b_1+b_2)}$ $e_2=\dfrac{h(2b_1+b_2)}{3(b_1+b_2)}$	$\dfrac{h^3(b_1^2+4b_1b_2+b_2^2)}{36(b_1+b_2)}$	$Z_1=\dfrac{h^2(b_1^2+4b_1b_2+b_2^2)}{12(b_1+2b_2)}$ $Z_2=\dfrac{h^2(b_1^2+4b_1b_2+b_2^2)}{12(2b_1+b_2)}$
	πr^2	r	$\dfrac{\pi}{4}r^4$	$\dfrac{\pi}{4}r^3$

表 3.1　（つづき）

形　状	面積 A	e_1, e_2	断面二次モーメント I	断面係数 Z
	πab	b	$\dfrac{\pi}{4}ab^3$	$\dfrac{\pi}{4}ab^2$
	$BH-bh$	$\dfrac{H}{2}$	$\dfrac{1}{12}(BH^3-bh^3)$	$\dfrac{1}{6H}(BH^3-bh^3)$
	$\pi(R_2-r_2)$	R	$\dfrac{\pi}{4}(R^4-r^4)$	$\dfrac{\pi}{4R}(R^4-r^4)$
	$bh-bh_1$	$\dfrac{h}{2}$	$\dfrac{1}{12}b(h^3-h_1^3)$	$\dfrac{1}{6h}b(h^3-h_1^3)$
	$bh-(b-b_1)h_1$	$\dfrac{h}{2}$	$\dfrac{1}{12}\{bh^3-(b-b_1)h_1^3\}$	$\dfrac{1}{6h}\{bh^3-(b-b_1)h_1^3\}$
	$bh-b_1(h-h_1)$	$\dfrac{h}{2}$	$\dfrac{1}{12}\{(b-b_1)h^3+b_1h_1^3\}$	$\dfrac{1}{6h}\{(b-b_1)h^3+b_1h_1^3\}$
	$bh_1+b_1h-b_1h_1$	$e_1=\dfrac{bh^2-b_2h_2^2}{2A}$ $e_2=h-e_1$ $\left(\begin{array}{l}b_2=b-b_1\\h_2=h-h_1\end{array}\right)$	$\dfrac{1}{3}(bh^3+b_2h_2^3)$ $-\dfrac{1}{4A}(bh^2+b_2h_2^2)^2$	$Z_1=\dfrac{I}{e_1}$ $Z_2=\dfrac{I}{e_2}$

〔6〕　曲げ応力の求め方

　さて，ここで具体的に曲げ応力を求めてみましょう。**図 3.25** のように，はりにモーメント $M=-10\,\mathrm{N\cdot m}$ が作用しているとします。

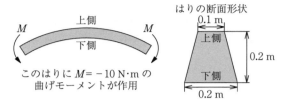

図 3.25　台形断面を持つはりに曲げモーメントが作用

表 3.1 から，断面二次モーメントはその寸法を代入して，次式のようになり
ます。

$$I = 9.630 \times 10^{-5}$$

さらに，断面係数を求めると

$$Z_1 = 8.667 \times 10^{-4}$$
$$Z_2 = 10.833 \times 10^{-4}$$

となります。このとき，Z_1 の値が Z_2 より小さい，つまり，上側で応力が最大
となります。

式 (3.4) に Z_1 の値を代入して，最大曲げ応力は

$$\sigma_{max} = -1.154 \ \text{kPa}$$

となります。

〔7〕　断面一次モーメントと断面二次モーメント

断面一次モーメントと断面二次モーメ
ントの求め方について確認しておきましょ
う。

断面一次モーメントおよび断面二次モー
メントを求めるときには，**図 3.26** に示す
ような微小面積 dA を考える必要がありま
す。

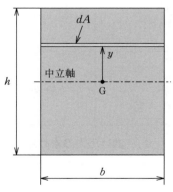

図 3.26　微小面積 dA を考える

まず，通常の面積を求めるには，次式のように積分します。$dA = bdy$ より

$$S = \int_A dA = \int_{-\frac{h}{2}}^{\frac{h}{2}} bdy = \left[by \right]_{-\frac{h}{2}}^{\frac{h}{2}}$$

$$= b\frac{h}{2} - \left(-b\frac{h}{2} \right) = bh$$

断面一次モーメント J は，面積を求めるのと同様に積分すればよいので

$$J = \int_A ydA = \int_{-\frac{h}{2}}^{\frac{h}{2}} ybdy = \left[\frac{by^2}{2} \right]_{-\frac{h}{2}}^{\frac{h}{2}}$$

$$= \frac{b}{2}\left(\frac{h}{2} \right)^2 - \frac{b}{2}\left(-\frac{h}{2} \right)^2 = 0$$

断面二次モーメント I も同様に計算できるので

$$I = \int_A y^2 dA = \int_{-\frac{h}{2}}^{\frac{h}{2}} y^2 bdy = \left[\frac{by^3}{3} \right]_{-\frac{h}{2}}^{\frac{h}{2}}$$

$$= \frac{b}{3}\left(\frac{h}{2} \right)^3 - \frac{b}{3}\left(-\frac{h}{2} \right)^3 = \frac{bh^3}{12}$$

となります。つまり，中立軸とは，$J = 0$ となる位置にあるのです。

〔8〕 **はりに生じるせん断応力**

はりのたわみを考えるときは，曲げ応力のみで考えました。しかし，実際にはせん断応力も作用しています。特に，はりが極端に短い場合などは，せん断力も無視できなくなります。

実際のせん断力は，これまで仮定したものとは異なります。実際は上下端でせん断応力が 0 となり，断面内部でせん断応力が最大となります。$\tau = F/S$ の式は，平均せん断応力を求めているにすぎません。

代表的な形状について，せん断応力の分布と最大値を**表3.2**にまとめておきます[†]。

[†] このような任意の断面形状におけるせん断力分布の求め方については，巻末の参考文献（1）を参照。

表 3.2　せん断応力の分布

形　状	せん断応力の分布	τ, τ_{max}, およびその位置 $y_{\tau max}$
		$\tau = \dfrac{3}{2}\dfrac{F}{bh}\left\{1-\left(\dfrac{2y}{h}\right)^2\right\}$ $\tau_{max} = \dfrac{3}{2}\dfrac{F}{bh}$
		$\tau = \dfrac{2}{3}\dfrac{F}{bh/2}\left\{2-3\left(\dfrac{y}{h}\right)-9\left(\dfrac{y}{h}\right)^2\right\}$ $\tau_{max} = \dfrac{3}{2}\dfrac{F}{bh/2}$
		$\tau = \dfrac{4}{3}\dfrac{F}{\pi r^2}\left\{1-\left(\dfrac{y}{r}\right)^2\right\}$ $\tau_{max} = \dfrac{4}{3}\dfrac{F}{\pi r^2}$
		$\tau = \dfrac{4}{3}\dfrac{F}{\pi ab}\left\{1-\left(\dfrac{y}{b}\right)^2\right\}$ $\tau_{max} = \dfrac{4}{3}\dfrac{F}{\pi ab}$
		$\tau = \dfrac{FS}{z_1 I}$　　τ_{max} は $y_1 = 0$ のとき $0 \leqq y_1 < h_1/2$　　$z_1 = b_1$ $S = \dfrac{b_1}{2}\left(\dfrac{h_1^2}{4}-y_1^2\right)+\dfrac{b}{8}(h^2-h_1^2)$ $h_1/2 \leqq y_1 \leqq h/2$　　$z_1 = b$ $S = \dfrac{b}{2}\left(\dfrac{h^2}{4}-y_1^2\right)$
		$\tau = \dfrac{FS}{z_1 I}$　　τ_{max} は $y_1 = 0$ のとき $0 \leqq y_1 < h_1/2$　　$z_1 = b$ $S = \dfrac{b}{2}\left(\dfrac{h_1^2}{4}-y_1^2\right)+\dfrac{b-b_1}{8}(h^2-h_1^2)$ $h_1/2 \leqq y_1 \leqq h/2$　　$z_1 = b-b_1$ $S = \dfrac{b-b_1}{2}\left(\dfrac{h^2}{4}-y_1^2\right)$

3.6 はりのたわみ

　はりのたわみを考えることは，構造を設計するためには重要です。本節では，縦主軸の挙動を考えます。また，考える量は，たわみの量とたわみ角です。

〔1〕 **はりのたわみの考え方**

　片持はりの先端に荷重 W を与えると，**図3.27** のようにたわみます。ここでは，はりのたわみを断面形状に左右されずに考えるために，縦主軸をはりの挙動を表す基準として考えます。

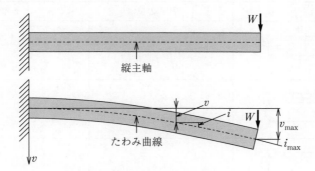

図3.27　たわみ曲線とたわみ，たわみ角

　たわんだ縦主軸は曲線になるため，**たわみ曲線**（deflection curve）と呼びます。たわみ曲線と元の縦主軸との距離を**たわみ**（deflection）v で表し，元の縦主軸とたわみ曲線のなす角度を**たわみ角**（slope）i で表します。

　3.5節で述べたように，微小な領域では，はりのたわみは円弧として近似できます。このことから，二つの次式を導くことができます。

$$i = \frac{dv}{dx}, \quad \frac{1}{\rho} = \frac{di}{dx} = \frac{d^2v}{dx^2} = -\frac{M}{EI} \tag{3.10}$$

　この式の意味することは，たわみ角はたわみ量を微分したものであり，たわ

み量の2階の微分は，曲率半径 ρ の逆数に等しいということです。

実際にたわみ角とたわみを求めるうえで，実用上重要な次式は，任意の位置 x_0 におけるはりのたわみ角 i とたわみ v を与えます。

$$i = -\int \frac{M(x)}{EI}\,dx, \quad v = -\iint \frac{M(x)}{EI}\,dx\,dx \tag{3.11}$$

この二つの式は，モーメントの分布とはりの境界条件がわかれば，たわみ角とたわみが求められることを示しています。

はりのたわみで知りたい量は，最大たわみ角 i_{max}（または i_{min}）と最大たわみ v_{max} です。そこで，たわみ角 i およびたわみ v の式と，i_{max}（または i_{min}）

表3.3 はりのたわみ

はり	i_{min} とその位置	v_{max} とその位置
	$x = l$ $i_{min} = -\dfrac{Wl_1}{6lEI} l_2(2l_1 + l_2)$	$x = \sqrt{\dfrac{1}{3} l_1(l_1 + 2l_2)}$ $v_{max} = \dfrac{W}{9\sqrt{3lEI}} l_2\left(\sqrt{l^2 - l_2^2}\right)^3$
	$x = 0$ $i_{min} = -\dfrac{wl^3}{24EI}$	$x = \dfrac{1}{2}$ $v_{max} = \dfrac{5wl^4}{384EI}$
	$x = 0$ $i_{max} = -\dfrac{wl^3}{48EI}$	$x = \dfrac{1+\sqrt{33}}{16}$ $v_{max} = \dfrac{wl^4}{48EI} \times 0.259\,97$
	$x = 0$ $i_{min} = -\dfrac{Wl^2}{2EI}$	$x = 0$ $v_{max} = \dfrac{Wl^3}{3EI}$
	$x = 0$ $i_{min} = -\dfrac{wl^3}{6EI}$	$x = 0$ $v_{max} = \dfrac{wl^4}{8EI}$
	$x = \left(\dfrac{1}{2} \pm \dfrac{\sqrt{3}}{6}\right)l$ $i_{minmax} = \mp\dfrac{\sqrt{3}wl^3}{216EI}$	$x = \dfrac{1}{2}$ $v_{max} = \dfrac{wl^4}{384EI}$

および $v_{\max}$ を**表3.3**にまとめておきます[†]。また同表には，どの箇所に最大たわみ角と最大たわみが生じるかも記しています。

〔2〕　**計算例：自由端に集中荷重を受ける片持はり**

ここで，式 (3.11) を使って，実際にたわみ角 i とたわみ v の式を求めてみます。さらに，それぞれの最大値を求めます。**図3.28**のように，自由端に集中荷重を受ける片持はりを例に考えます。

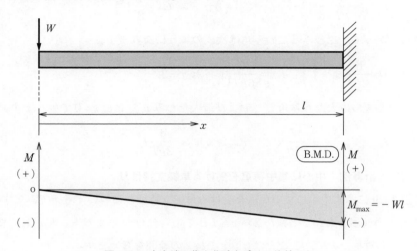

図 3.28　自由端に集中荷重を受ける片持はり

まず，モーメント M の分布は，次式で表されます。

$$M = -Wx$$

モーメントの式を式 (3.11) に代入すると

$$i = \int \frac{W}{EI}\, x\, dx, \quad v = \iint \frac{W}{EI}\, x\, dx\, dx$$

となります。この式を積分すれば，次式のようになります。

$$i = \frac{W}{EI}\left(\frac{1}{2}x^2 + C_1\right), \quad v = \frac{W}{EI}\left(\frac{1}{6}x^3 + C_1 x + C_2\right)$$

---

†　詳しくは巻末の参考文献 (1) を参照。

ここで，C_1，C_2 は積分定数であり，はりの境界条件により決定されます。境界条件を考えると，$x=l$ では，たわみ，たわみ角ともに0です。したがって，次式のように C_1，C_2 が求められます。

$$i_{x=l} = \frac{W}{EI}\left(\frac{1}{2}l^2 + C_1\right) = 0, \quad \therefore\ C_1 = -\frac{1}{2}l^2$$

$$v_{x=l} = \frac{W}{EI}\left(\frac{1}{6}l^3 - \frac{1}{2}l^3 + C_2\right) = 0, \quad \therefore\ C_2 = \frac{1}{3}l^3$$

したがって，たわみとたわみ角は次式のようになります。

$$i = \frac{W}{2EI}\left(x^2 - l^2\right), \quad v = \frac{W}{6EI}\left(x^3 - 3l^2x + 2l^3\right)$$

このときの最大たわみ角 $i_{\max}$ および最大たわみ $v_{\max}$ は，$x=0$ で生じます。

$$i_{\max} = i_{x=0} = -\frac{W}{2EI}l^2, \quad v_{\max} = v_{x=0} = \frac{W}{3EI}l^3$$

〔3〕 **計算例：中心に集中荷重を受ける単純支持はり**

図 3.29 に示す中心に集中荷重を受ける単純支持はりについて考えてみます。$M(x)$ が $0 \leq x \leq l/2$ と，$l/2 \leq x \leq l$ とで場合分けが必要です。しかし，変形は左右対称なので，ここでは $0 \leq x \leq l/2$ の範囲を考えます。

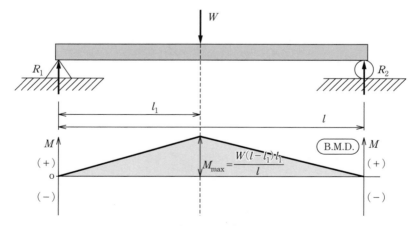

図 3.29 中心に集中荷重を受ける単純支持はり

曲げモーメントは

$$M = \frac{W}{2} x \quad \left(0 \leqq x \leqq \frac{1}{2}\right)$$

です。このモーメントの式を式 (3.11) に代入すれば

$$i = -\int \frac{W}{2EI} x\,dx\,, \quad v = -\iint \frac{W}{2EI} x\,dx\,dx$$

となります。この式を積分すると，次式のようになります。

$$i = -\frac{W}{2EI}\left(\frac{1}{2} x^2 + C_1\right), \quad v = -\frac{W}{2EI}\left(\frac{1}{6} x^3 + C_1 x + C_2\right)$$

ここで，C_1，C_2 は積分定数です。先ほどの例と同様に，境界条件を考えると，$x=0$ で $v=0$ です。また，$x=l/2$ で対称であるから，たわみ角は 0 です。

$$v_{x=0} = -\frac{W}{2EI}\left(\frac{1}{6} x^3 + C_1 x + C_2\right) = 0\,, \quad \therefore\ C_2 = 0$$

$$i_{x=l/2} = -\frac{W}{2EI}\left(\frac{1}{8} l^2 + C_1\right) = 0\,, \quad \therefore\ C_1 = -\frac{1}{8} l^2$$

したがって，たわみとたわみ角は次式のようになります。

$$i = \frac{W}{16EI}(l^2 - 4x^2)\,, \quad v = \frac{W}{48EI} x(3l^2 - 4x^2)$$

ただし，これは $0 \leqq x \leqq l/2$ の範囲です。このときの最大たわみ角 $i_{\max}$ は $x=0$ にて生じ，最大たわみ $v_{\max}$ は $x=l/2$ で生じます。

$$i_{\max} = i_{x=0} = -\frac{W}{16EI} l^2\,, \quad v_{\max} = v_{x=l/2} = \frac{W}{48EI} l^3$$

3.7　重ね板ばね

これまで述べてきたように，均一断面を持つはりでは，曲げモーメントが最大となる箇所で最大の曲げ応力が生じます。これは，経済的観点から考えてみればたいへん不経済です。曲げ応力がはり全体にわたって一定であれ

ば，経済的には優れたものとなります。そこで本節では，曲げ応力が一定に
なるはりの形状を考えてみます。

〔1〕　平等強さのはり

断面形状を矩形とすれば，曲げ応力が一定となるはりの形は**図3.30**に示す
ように二つあります。なぜこのような形状になるのでしょうか。

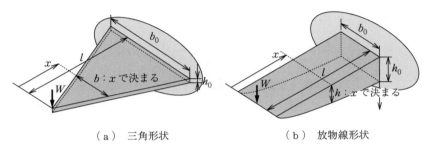

（a）　三角形状　　　　　　　　（b）　放物線形状

図3.30　曲げ応力が一定となる2種類のはり

曲げモーメントは，自由端を原点として

$$M = -Wx$$

です。断面係数は表3.1より

$$Z = \pm \frac{bh^2}{6}$$

はりの任意の位置における曲げ応力は

$$\sigma = \pm 6W \frac{x}{bh^2}$$

です。応力を一定と考えて，幅 b もしくは高さ h を変化させればよいことが
わかります。

高さ h を一定にした場合は，次式のようになります。

$$b = \frac{6W}{\sigma h^2} x$$

つまり，固定端の幅

$$b_0 = \frac{6Wl}{\sigma h^2} x$$

を持つ三角形状（図（a））のはりとなります。

また，幅 b を一定にした場合は，次式のようになります。

$$h = \sqrt{\frac{6W}{\sigma b} x}$$

つまり，固定端の高さ

$$h_0 = \sqrt{\frac{6Wl}{\sigma b}}$$

を持つ放物線形状（図（b））のはりとなります。このようなはりを**平等強さのはり**（beam of uniform strength）といいます。

〔2〕　**重 ね 板 ば ね**

実用上のはりは，三角形形状のはりです。しかし，このままの形状では，固定端での寸法が大きくなります。そこで，**図3.31**のように，この三角形板を縦に等分した形の細長い板を積み重ね，それぞれの板がその中央面を中立面として独立に曲がるように組み合わせれば，細長い平等強さのはりができます。これを**重ね板ばね**（laminated spring）と呼びます。

各板の幅を b とし，n 層に積み重ねたものとすると，$b_0 = nb$ の関係がある

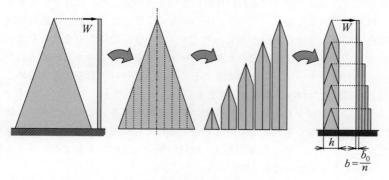

図3.31　重ね板ばね

ので，このばねの応力および最大たわみはそれぞれ，式（3.9）および式（3.11）より，次式のようになります。

$$\sigma = \pm \frac{6Wl}{nbh^2}, \qquad v_{\max} = \frac{6Wl^3}{nbh^3E} \qquad (3.12)$$

この式より，重ね板ばねが支え得る最大荷重を決定できます。

図3.32 は，この重ね板ばねの応用例（車両ばね）です。これは荷重を受け入れやすいように，あらかじめ湾曲させた重ね板ばねです。おもに大きな荷重を受けるトラックや，電車の車両に用いられています。

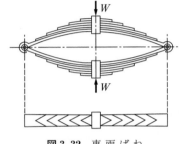

図3.32 車両ばね

〔3〕 **組合せはり**

実際の構造部材では，複数の材料を組み合わせて所望の性能を得ることがよく行われます。例えば，鉄筋コンクリートなどです。このように，2種類以上の異なる材料を軸方向に平行に接着し，1本のはりとして曲がるようにしたはりを，組合せはり（composite beam）と呼びます。詳しくは，巻末の参考文献（1）をご覧ください。

3章のまとめ

　本章では，はりと呼ばれる長い部材について考えました。はりをたわませる力は，はりに垂直な荷重と，モーメントのみを考えました。実際の構造物では，このような荷重を受ける部材が多くあります。このような荷重を受けるときに，はりにどのような力（せん断力）と曲げモーメントが生じるのかを求めました。これらの力と曲げモーメントを考えることにより，部材に生じる応力を求め，その結果から部材のたわみが導き出されます。

　より進んで勉強をしたい人は，巻末の参考文献を参考にしてください。材料力学では物事を大きく単純化していますが，それでも実際の構造物の挙動をよく表しています。ここで示した考え方は，材料の挙動を理解する上でたいへん重要です。理解できるまで根気よく考えてみてください。

演　習　問　題

（1）　図 3.33 に示すはりの曲げ応力の最大となる点とその値を求めなさい。

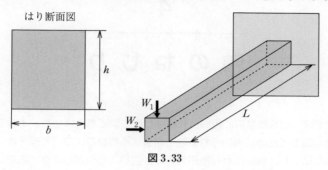

図 3.33

（2）　つぎのはり（**図 3.34**，ヤング率 E，断面二次モーメント I）の先端位置の
たわみ $w_{x\,=\,l}$ を求めなさい。

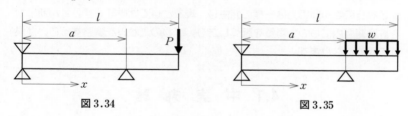

図 3.34　　　　　　　　　　　　　図 3.35

（3）　つぎのはり（**図 3.35**，ヤング率 E，断面二次モーメント I）の先端位置の
たわみ $w_{x\,=\,l}$ を求めなさい。

（4）　つぎのはり（**図 3.36**，ヤング率 E，断面二次モーメント I）の先端位置の
たわみ $w_{x\,=\,l}$ を求めなさい。

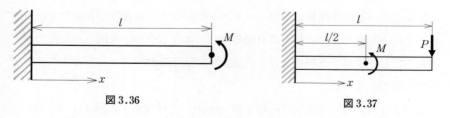

図 3.36　　　　　　　　　　　　　図 3.37

（5）　つぎのはり（**図 3.37**，ヤング率 E，断面二次モーメント I）の先端位置の
たわみ $w_{x\,=\,l}$ を求めなさい。

4

+ + + + + + + + + + + + +

軸 の ね じ り

　3章では，構造物全般に用いられるはりについて考えました。本章では，動力を伝達するために用いられる軸に発生するねじりについて考えます。

　ねじりにより，軸にはせん断応力のみが生じると仮定します。また，ねじることによりたわみを得るばねについても考えてみます。ばねも，垂直なせん断力はほとんど無視できます。つまり，ねじりによるせん断力が支配的になります。

　これらのせん断応力は一様に発生し，現象としては単純です。せん断応力を許容範囲内にしつつ重量を軽くしたり，ばねのたわみを調整することが設計の目的になります。

4.1　中　実　丸　軸

　動力を伝えるためにねじりを受ける棒のことを軸と呼びます。本節では，最も基本的な部材である中実丸軸のねじりについて考えます。

〔1〕　動力を伝達する軸

　車などの一般的な機械は，モータやエンジンなどの原動機から動力を伝達することにより動きます。例えば自動車では，エンジンで生み出された動力が，回転力としてプロペラ軸を通じて差動歯車に伝えられ，さらに車軸を伝わって車輪が回転します。

　このように，ねじりを受ける棒を**軸**（shaft）と呼びます。**図4.1**のように，一端を固定した長さ l，半径 r の丸棒を考えます。このような中身が詰まっている軸のことを**中実丸軸**といいます。

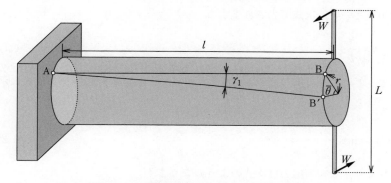

図 4.1 中実丸軸にねじりモーメントを加える

さて，この中実丸軸のもう一端に**ねじりモーメント**[†1]（torsional moment）
$T = WL$ を与えます。

トルクを与える前は直線 AB であった 2 点 A，B は，らせんを描く曲線 AB′
となります。このとき，AB と AB′ がなす角を**らせん角** γ と呼びます。

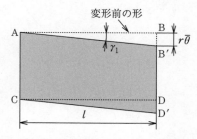

図 4.2 軸の表面を二次元上に表現

図 4.2 に軸の表面を二次元上に表現
した図を示します。ここで，4 点を考え
れば図のように変形します。

この変形はちょうどせん断ひずみの定
義と同じになる[†2]ことがわかります。
したがって，らせん角は，ねじりによっ
て軸表面に生じたせん断ひずみを表して
いることがわかります。

〔2〕 **軸に生じる応力とひずみ**

図 4.1 で，ねじりを受けている端面では，B が B′ に移動することにより，
半径線 OB は $\overline{\theta}$ だけ回転します。この角度を**ねじり角**（angle of torsion）とい
います。この角は軸が長くなれば大きくなるので，ねじりの度合いを表すため
に単位長さ当りのねじり角を用います。これを，**比ねじり角**（specific angle of

---

† 1 **ねじりモーメント**：トルク（torque）ともいいます。
† 2 1.2 節参照

torsion）といい，次式で表されます。

$$\theta = \frac{\overline{\theta}}{l} \tag{4.1}$$

さて，ここでせん断ひずみ γ，ねじり角 θ，らせん角 γ_1 の関係を次式に示します。

$$\gamma = \tan\gamma_1 = \frac{r\overline{\theta}}{l} = r\theta \fallingdotseq \gamma_1 \tag{4.2}$$

これより，せん断応力は次式のようになります。

$$\tau = G\gamma = Gr\theta = G\gamma_1 \tag{4.3}$$

この式からもわかるように，せん断応力は軸の半径 r に比例して大きくなり，**図4.3**のような分布になります。

このせん断応力は，与えられたトルク T とつり合っています。このせん断応力 τ とトルク T の関係は

$$T = \frac{\pi r^3}{2}\tau \tag{4.4}$$

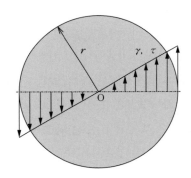

図4.3 せん断応力の分布

となります。これより三つの関係式が得られます。

$$\tau = \frac{2}{\pi r^3}T, \quad \gamma = \frac{\tau}{G} = \frac{2}{\pi r^3 G}T, \quad \theta = \frac{\gamma}{r} = \frac{2}{\pi r^4 G}T \tag{4.5}$$

これらの式よりわかることは，トルク T と軸半径 r がわかれば，せん断応力，せん断ひずみ，比ねじり角，そしてせん断応力とせん断ひずみの分布も求めることができます。

〔3〕 **断面二次極モーメントとねじり剛性**

ここで，**断面二次極モーメント**[†]（polar moment of inertia of area）I_p を次式のように決めます。

---

† **断面二次極モーメント**：形状のみで定まる量で，形状によるねじりにくさを表します。

$$I_p = \int_A \rho^2 dA = \int_0^r 2\pi\rho^3 d\rho = \frac{\pi}{2} r^4 \qquad (4.6)$$

この断面二次極モーメントを用いて，式（4.5）を整理すると，ねじりの場合もはりのたわみと類似した形で計算することができます。

$$\tau = \frac{r}{I_p} T, \quad \gamma = \frac{r}{GI_p} T = \frac{r}{\phi} T, \quad \theta = \frac{T}{GI_p} = \frac{T}{\phi} \qquad (4.7)$$

$\phi \equiv GI_p$ は，**ねじり剛性**と呼ばれ，単位長さ当りの軸を単位角ねじるのに必要なトルクを表します。

4.2 中 空 丸 軸

中実軸の中心部は，外周に比べるとトルクをほとんど支えていません。そこで，中心部を除去してしまえば（中空丸軸），中身が詰まっている中実丸棒に比べて，強度を犠牲にせず重量を軽くできます。

〔1〕 軽量な中空丸軸

前節で述べたように，中実軸では，せん断応力は軸の中心付近では小さくなります。つまり，トルク T を支えているのは中心部より外縁部であるといえます。そこで，中心部を除去して**中空丸軸**（hollow circular shaft）にすれば，トルクを支える能力をそれほど損なわずに軽量な軸を作ることができます。

図 4.4 に示すような外半径 r_1，内半径 r_2 の中空丸軸を考えます。

このとき，トルク T とせん断力 τ の関係は

$$T = \frac{\pi\tau}{2r_1}(r_1^4 - r_2^4) \qquad (4.8)$$

のようになります。

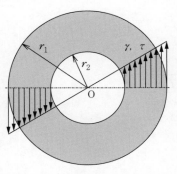

図 4.4 中空丸軸のせん断応力分布

ここで，外半径，内半径の比 $n = r_2/r_1$ を用いると，せん断応力，せん断ひ
ずみ，比ねじり角は，それぞれ次式のようになります。

$$\left.\begin{array}{l}\tau = \dfrac{2}{\pi r_1^3 (1-n^4)}\, T \\[3mm] \gamma = \dfrac{\tau}{G} = \dfrac{2}{G\pi r_1^3 (1-n^4)}\, T \\[3mm] \theta = \dfrac{\gamma}{r_1} = \dfrac{2}{G\pi r_1^4 (1-n^4)}\, T\end{array}\right\} \tag{4.9}$$

この式は，式（4.5）と比べると，$(1-n^4)$ の項が分母に加わっただけです。
$n=0$ とすれば，式（4.5）と同じになります。$n=0$ とは，内半径の大きさが 0
であることを示します。

ここでも，中実軸と同様に断面二次極モーメントを計算すると

$$I_p = \int_A \rho^2 dA = \int_{r_2}^{r_1} 2\pi \rho^3 d\rho = \frac{\pi}{2}(r_1^4 - r_2^4) \tag{4.10}$$

となり，式（4.7）をそのまま利用すれば，式（4.9）と同じになることがわか
ります。

〔2〕　**中実丸軸との径の比による違い**

さて，ここで許容せん断応力 τ_a，トルク T_0 を支える中実丸軸と中空丸軸の
太さについて考えてみます。最大せん断力が τ_a となるようにすればよいので，
それぞれの半径 r_s，r_h は

中実丸軸：$\tau_a = \dfrac{2T_0}{\pi r_s^3}, \quad r_s = \sqrt[3]{\dfrac{2T_0}{\pi \tau_a}}$

中空丸軸：$\tau_a = \dfrac{2T_0}{\pi r_h^3 (1-n^4)}, \quad r_h = \sqrt[3]{\dfrac{2T_0}{\pi \tau_a (1-n^4)}}$

ここで両者の比をとると

$$\frac{r_h}{r_s} = \sqrt[3]{\frac{1}{1-n^4}}$$

となります。同様に比ねじり角の比と重量の比をとると

$$\frac{\theta_h}{\theta_s} = \frac{I_{ps}}{I_{ph}} = \sqrt[3]{1 - n^4}$$

$$\frac{w_h}{w_s} = \frac{\pi r_h^2 (1 - n^2) l}{\pi r_s^2 l} = \sqrt[3]{\frac{1 - n^2}{(1 + n^2)^2}}$$

となります。

　これらの三つの比の関係を，n を変化させて比べてみると，**表 4.1** のようになります。$n = 9/10$ では，軸径は 42 ％増加しますが，重量は 62 ％も軽くなります。また，$n = 1/2$ でも，軸径は 2.17 ％増加して，重量は 22 ％軽くなります。中空丸軸は重量の低減に大きく貢献することがわかります。

表 4.1　中実丸軸と中空丸軸（径の比 n）における半径比，比ねじり角比，重量比

n	$\dfrac{r_h}{r_s}$	$\dfrac{\theta_h}{\theta_s}$	$\dfrac{w_h}{w_s}$
$\dfrac{9}{10}$	1.427 32	0.700 61	0.387 08
$\dfrac{4}{5}$	1.192 02	0.838 91	0.511 53
$\dfrac{2}{3}$	1.076 11	0.929 27	0.643 34
$\dfrac{1}{2}$	1.027 15	0.978 72	0.782 97
$\dfrac{1}{3}$	1.004 15	0.995 87	0.896 28
$\dfrac{1}{5}$	1.000 53	0.999 47	0.961 03
$\dfrac{1}{10}$	1.000 03	0.999 97	0.990 07

　では，n の値を大きくとり，より薄い中空丸軸ではどうなるでしょう。あまりに薄くすると，ねじりによる座屈[†] が生じてしまいます。したがって，実際にはあまり薄い中空丸軸は使われません。

---

† 　**座屈**：細長い柱や薄肉の円筒などに荷重を加えてしだいに増加させると，ある荷重（座屈荷重）で急に大きなたわみを生じ大きく変形する現象です。

4.3　はりの曲げと軸のねじりの相似点

　同じ弾性現象である弾性体の変形を考えると，はりの曲げと軸のねじりは
同じような式で表されます。その相似点を見ていきましょう。

たわみとねじりの計算手順の比較

　ここでは，はりの曲げと軸のねじりに関しての相似点について説明します。
部材に生じる最大応力を求める手順をまとめた**表 4.2** を見てください。

表 4.2　はりの曲げと軸のねじりの比較

計算の手順	はりの曲げ	軸のねじり
① モーメント M, トルク T を求める	式（3.4）より $$M = M_1 + R_1 x - \sum_{i=0}^{n_x} W_i(x - l_i)$$ $$M = M_1 + R_1 x - \int_0^x w(t)(x - t)\,dt$$ （3章を参照）	外半径を r_1 とし，内半径の比を n $(n < 1)$ とすれば $$T = \frac{\pi\tau}{2} r_1^3 (1 - n^4)$$ $n = 0$ のとき中実軸
② 断面二次モーメント，断面二次極モーメントを求める	断面二次モーメント 長方形断面：$I = \dfrac{bh^3}{12}$ 円形断面：$I = \dfrac{\pi}{4} r^4$ （その他，表3.1を参照）	断面二次極モーメント 中実軸：$I_p = \dfrac{\pi}{2} r_1^4$ 中空軸：$I_p = \dfrac{\pi}{2} r_1^4 (1 - n^4)$
剛　性	曲げ剛性 EI	ねじり剛性 GI_p
③ 曲げ応力 σ, せん断応力 τ を求める	中立軸からの距離を y とすれば $$\sigma = \frac{M}{I} y$$	軸の中心からの距離を r とすれば $$\tau = \frac{T}{I_p} r$$
④ 最大曲げ応力 σ_{max}, せん断応力 τ_{max} を求める	中立軸からの最大距離を y_{max} とすれば $$\sigma_{max} = \frac{M}{I} y_{max}$$	半径を r_1 とすれば $$\tau_{max} = \frac{T}{I_p} r_1$$

　手順 ① では，部材に生じる力を求めます。はりの曲げでは，最大曲げモー
メントが生じる箇所が最も応力が高くなります。軸のねじりでは，工学的には

加工もしやすく，強度と重量のバランスがとれた円筒形の軸を考えます。この場合，トルク T は軸全体で一様に生じます。

手順 ② では，断面の特性を表す係数である断面二次モーメントおよび断面二次極モーメントを求めます。それぞれの剛性は，はりの曲がりにくさ，軸のねじりにくさを表します。

断面内の応力の分布は，手順 ③ により求めることができます。中立軸および軸の中心で応力値は 0 となり，上下端面および外径において応力が最大となります。

手順 ④ では，最大の応力値を求めます。はりの曲げでは，中立軸から最も離れた端面までの距離 $y_{\max}$ で，軸のねじりでは軸の半径 r_0 で，それぞれ応力が最大となります。

部材に生じた曲げモーメントやトルクがわかれば，この手順で部材に生じる最大応力が求められます。

4.4　伝　　動　　軸

軸は，動力を伝達するためには必須の部品です。単位時間当りにどの程度の力と回転を与えられたかにより，伝動軸が伝える仕事が決まります。

〔1〕 軸が伝える仕事

伝動軸とは，ねじり回転しながらトルクを伝達し，仕事を伝える部品のことをいいます。自動車のドライブシャフトは，エンジンで生じた動力を車輪に伝える役目をしています。

前節までは，丸軸に生じるせん断応力や，そのときの径とトルクの関係について説明してきました。伝動軸では，どのくらいの速度で仕事を伝えることができるのかが重要になります。この仕事を伝える割合のことを**仕事率** P と呼び，次式で定義されます。

$$P = \frac{U}{t} \quad \text{〔W〕} \tag{4.11}$$

Uは伝えたい仕事，tは伝達に要する時間です。仕事率の単位は，W，J/s，N·m/s などで表されます。古くは，HP[†]（馬力）なども用いられていました。

いま，T〔N·m〕のトルクを，毎分 n 回転（n〔rpm〕）で伝える伝動軸を考えます。1秒当り $\bar{\theta} = 2\pi n/60$〔rad〕だけ回転することになります。エネルギーは力×距離ですから，1秒当りのエネルギー U は，$U = T\bar{\theta}$ で表されることになります。つまり，仕事率は

$$P = \frac{U}{t} = \frac{T \cdot 2\pi n}{60} \quad \text{〔W〕} \tag{4.12}$$

となります。したがって，P〔W〕の動力を n〔rpm〕で伝えるには

$$T = \frac{60P}{2\pi n} \quad \text{〔N·m〕} \tag{4.13}$$

だけのトルクを生じることになります。このトルクより，必要な軸の径および材質などを決めることができます。

〔2〕　**中実丸軸と中空丸軸の比較**

さてここで，200 rpm の回転数で 5 kW の動力を伝達することを考えます。式（4.13）より，必要なトルク T は

$$T = \frac{60 \times 5\,000}{2\pi \times 200} = 239 \, \text{N·m}$$

となります。

つぎに，許容せん断応力を 30 MPa，せん断弾性係数 G を 80 GPa としたときの中実丸軸および中空丸軸（$n = 2/3$）の径について調べます。表4.2の手順 ② および ④ から

中実丸軸：$r_s = \sqrt[3]{\dfrac{2T}{\pi \tau_{\max}}} = 17.2 \, \text{mm}$

---

†　**HP**：1 HP は，735.5 W に相当します。

中空丸軸：$r_h = \sqrt[3]{\dfrac{2T}{\pi \tau_{\max}(1-n^4)}} = 18.5\,\text{mm}$

となります。さらに，比ねじり角は式（4.7）より

中実丸軸：$\theta_s = \dfrac{T}{GI_{ph}} = \dfrac{239}{80 \times 10^9 \times 1.375 \times 10^{-7}} = 0.021\,7$

中空丸軸：$\theta_s = \dfrac{T}{GI_{ph}} = \dfrac{239}{80 \times 10^9 \times 1.447 \times 10^{-7}} = 0.020\,2$

となります。また，表4.1より，その重量比は0.643 34となり，中空丸軸の
ほうが約36％軽いことがわかります。

4.5 円筒形コイルばね

　円筒形コイルばねは，最もよく使われるばねの形状です。ばねの伸びとば
ね定数を計算し，さらにせん断応力と素線の径の関係について考えます。

〔1〕 素線に生じる応力とひずみ

　図4.5に示すように，一様断面の素線を，半径Rの円筒面に一定の間隔で
巻き付けて作ったばねを**円筒形コイル
ばね**（cylindrical helical spring）とい
います。通常のばねといえば，この円
筒形コイルばねのことをいいます。

　このばねに荷重Wが負荷されるこ
とを考えます。ばねの半径をR，素線
の半径をr，ばねの巻数をnとします。

　ばねの一部を抜き出して考えてみま
す。図4.6に示すように，断面には
トルク$T = WR$と，せん断力Wの二

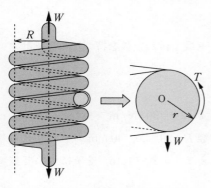

図4.5 円筒形コイルばね

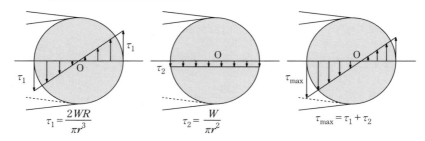

図 4.6　素線断面のせん断応力分布

つが作用しています。つまり、トルクによるせん断応力 τ_1 とせん断力による
せん断応力 τ_2 を重ね合わせたせん断応力が作用することになります。

　素線に作用する最大せん断応力 τ_{max} は

$$\tau_{max} = \tau_1 + \tau_2 = \frac{2WR}{\pi r^3}\left(1 + \frac{r}{2R}\right) \tag{4.14}$$

　一般のばねでは、素線の半径 r はばね半径 R よりかなり小さいため、せん
断力 W の寄与は小さいとみなせます。また、ばねの伸び δ とばね定数 k は、
n 巻きのばねでは、次式により与えられます。

$$\delta = \frac{4nR^3W}{r^4G} \tag{4.15}$$

$$k = \frac{W}{\delta} = \frac{r^4G}{4nR^3} \tag{4.16}$$

　これらより、r, n, R, G を選択して、必要なばね定数を持つばねを設計す
ることができます。

〔2〕　**半径と巻数と応力の変化**

　具体的にばねを設計してみます。ばね定数は $k = 30\,\mathrm{kN/m}$ を持つとします。
弾性係数 $G = 80\,\mathrm{GPa}$ の材料を用いて、半径 $R = 20$, 30, $40\,\mathrm{mm}$ の値が与えら
れたとき、素線 r と巻数 n の組合せを考えます。式 (4.16) を r について整
理すると、次式が得られます。

$$r = \sqrt[4]{\frac{4knR^3}{G}} \tag{4.17}$$

ここで, $R = 20$, 30, 40 mm, $n = 2$, 4, 6, 8, 10 と変化させて, 素線半径 r の変化を見てみます。この結果を**表 4.3** に示します。

表 4.3 素線半径とせん断応力の変化

巻数 n	$R = 20$ mm 素線半径 r [mm]（せん断応力 [MPa]）	$R = 30$ mm 素線半径 r [mm]（せん断応力 [MPa]）	$R = 40$ mm 素線半径 r [mm]（せん断応力 [MPa]）
2	2.21 (12.4)	3.00 (7.43)	3.72 (5.17)
4	2.63 (7.44)	3.57 (4.46)	4.43 (3.10)
6	2.91 (5.52)	3.95 (3.31)	4.90 (2.30)
8	3.13 (4.48)	4.24 (2.68)	5.26 (1.86)
10	3.31 (3.80)	4.49 (2.27)	5.57 (1.58)

素線の径の値は, 10 N の力を加えたときの素線の最大せん断応力を示しています。これは, 式 (4.14) より計算したものです。同じばね定数を持つばねを作ることを考えると, ばね半径を大きくすると素線は太く作る必要があります。巻数を増やすときも素線を太くする必要があることがわかります。また, 素線径が大きくなれば, 最大せん断応力は当然小さくなります。この点もばねの設計には欠かせません。

つまり, ばねの大きさ, ばね定数, 伸びによる全長の変化, 最大せん断応力を考慮して, ばねを設計する必要があります。

4.6　円錐形コイルばね

特殊な形のばねに円錐形コイルばねがあります。基本は円筒形コイルばねと同じで, 伸びとばね定数を計算することができます。

素線に生じる応力とひずみ

図 **4.7** のように，半径 r の素線を一定の間隔で円錐状に巻き付けて作ったばねを，**円錐形コイルばね**といいます。

ばねの巻数 n，上端のコイル半径 R_1，下端のコイル半径 R_2 の形状を持つばねを考えます。下端で半径が最大となる位置で，せん断応力が最大となります。素線に作用する最大せん断応力 $\tau_{\max}$ は

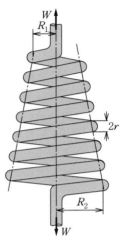

$$\tau_{\max} = \frac{2WR}{\pi r^3} \qquad (4.18)$$

となります。ばねの伸び δ とばね定数 k は，次式により与えられます。

$$\delta = \frac{n(R_1 + R_2)(R_1^2 + R_2^2)\,W}{r^4 G} \qquad (4.19)$$

$$k = \frac{W}{\delta} = \frac{r^4 G}{n(R_1 + R_2)(R_1^2 + R_2^2)} \qquad (4.20)$$

図 4.7　円錐形コイルばね

これらより，円筒形コイルばねと同様に r，n，R，G を選択して，必要なばね定数を持つばねを設計することができます。

4章のまとめ

本章では，実際に部品として使われている軸，ばねに生じるねじりについて考えてみました。基本は，ねじることによりせん断力が発生し，部材内にせん断応力が生じることです。ここで紹介した部材では，せん断力が許容範囲内になるように注意して設計しなければなりません。また，表 4.1，4.2 に示したように，半径の変化などにより，どのように目的の値が変化するかを知ることは重要です。実際の計算を通して，理解を深めてください。

演 習 問 題

（**1**） ばね定数 $k = 50\,\text{kN/m}$ を持つばねを横弾性係数 $G = 80\,\text{GPa}$ の材料を用いて設計します。素線半径 $r = 15\,\text{mm}$，巻数 $n = 10$ としたとき，ばねの半径 R はいくらになるでしょうか。また，変位 $\delta = 50\,\text{mm}$ のときのせん断応力はいくらになるでしょうか。

（**2**） 図 4.8 に示す，軸の右先端部にトルク T が作用する横弾性係数がそれぞれ G_1，G_2 の中実丸棒のねじり角 $\bar{\theta}$ を求めなさい。

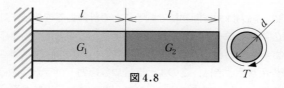

図 4.8

（**3**） 図 4.9 に示す，軸の右先端部にトルク T が作用する段付き中実丸棒（横弾性係数 G）のねじり角 $\bar{\theta}$ を求めなさい。

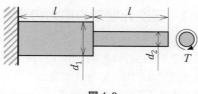

図 4.9

5
++++++++++++++++
多軸応力場での応力とひずみ

　前章までは，応力は力を断面積で割ることで計算してきました。これは，細長い形状の物体に単一の荷重が作用する場合だけを考え，垂直応力かせん断応力のみが発生すると考えていたためです。しかし，より複雑な形状の部材に外力が作用するときは，このような簡単な応力・ひずみ状態にはなりません。本章では，より一般的に応力とひずみを定義し，複雑な形状の問題への応用を考えることにします。

5.1　三次元場での応力の定義

　私たちは三次元空間で生活していますから，応力もこの三次元場で定義する必要があります。そのためには，いままで使ってきた σ と τ だけでは不十分です。三次元場で正確にこれらを定義すると，一見複雑になりますが，基本的な考え方は同じです。

〔1〕　応力テンソルの定義

　よく考えてみると力はベクトルですから，三次元空間では x, y, z 方向に三つの成分を持っています。

　では，断面積はどうでしょうか。**図5.1** は，三次元空間に定義された平面を示しています。この平面は大きさ S であり，その方向は面法線ベクトル n で示されます。すなわち，平面はベクトルと同じように，大きさと方向を持った量なのです。したがって，面も力と同様に，三つの成分で表されることになります。

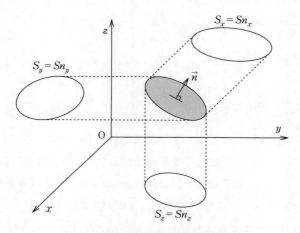

図 5.1 三次元空間に定義された平面

面 S を x 軸に平行な光線で y-z 面上に投影すると，そこに描ける面積は，

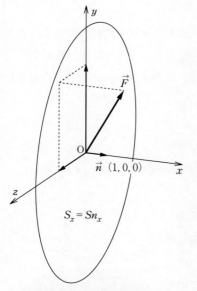

図 5.2 面 S_x に作用する力 F

この面の面法線ベクトルの x 方向成分 n_x と，面積 S との積 S_x となります。同様に，S_y，S_z も定義することができます。

この面に力のベクトル F が作用していますから，力のそれぞれの成分を，面積の成分で割って応力を計算します。例えば**図 5.2** に示すように，x 軸に垂直な面 S_x 上に作用する力は F_x，F_y，F_z と分解できます。

これらを S_x で割ると，応力が計算できます。S_y，S_z についても同様に考えると，全部で次式のような九つの応力が計算されることになります。

$$\left.\begin{array}{lll} \sigma_{xx}=\dfrac{F_x}{S_x}, & \sigma_{xy}=\dfrac{F_y}{S_x}, & \sigma_{xz}=\dfrac{F_z}{S_x} \\[2mm] \sigma_{yx}=\dfrac{F_x}{S_y}, & \sigma_{yy}=\dfrac{F_y}{S_y}, & \sigma_{yz}=\dfrac{F_z}{S_y} \\[2mm] \sigma_{zx}=\dfrac{F_x}{S_z}, & \sigma_{zy}=\dfrac{F_y}{S_z}, & \sigma_{zz}=\dfrac{F_z}{S_z} \end{array}\right\} \tag{5.1}$$

このように，応力は二つの添え字で表現されます。すなわち，応力は2階のテンソルです。一つだけの添え字で表現されるベクトルとは異なるものですから注意しましょう。これを**応力テンソル**（stress tensor）と呼びます。

応力テンソルは九つの成分を持っていますが，このうち σ_{xx}，σ_{yy}，σ_{zz} は，面に対して垂直な力による応力であり，垂直応力です。これらは，「xx」のような重複部分を簡単にして，σ_x，σ_y，σ_z のように表します。残りの六つの成分は面内に平行な力による応力であり，せん断応力です。したがって，これらは，τ_{xy}，τ_{xz}，τ_{yz} のように表します。

また，モーメントのつり合いを考えると，応力テンソルは対称であることが証明できます。したがって，$\tau_{xy}=\tau_{yx}$，$\tau_{yz}=\tau_{zy}$，$\tau_{xz}=\tau_{zx}$ となり，独立な応力テンソルは六つの成分ということになります。応力テンソルは次式で表現されます。

$$\begin{bmatrix} \sigma_x & \tau_{yx} & \tau_{zx} \\ & \sigma_y & \tau_{zy} \\ \text{SYM.} & & \sigma_z \end{bmatrix} \tag{5.2}$$

（SYM. は対称テンソルであることを意味します）

〔2〕 外力と表面力の関係

図5.3のように，物体の表面 S 上に，外力として単位面積当り $\vec{f}$ (f_x, f_y, f_z) が作用しているものとします。この表面での面法線ベクトルは $\vec{n}$ (n_x, n_y, n_z) であるとします。このとき，この表面に生じる応力と外力との間には，次式の関係が成立します。

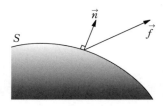

図5.3 物体の表面に外力 f が作用する

$$f_x = \sigma_x\, n_x + \tau_{yx}\, n_y + \tau_{zx}\, n_z$$
$$f_y = \tau_{xy}\, n_x + \sigma_y\, n_y + \tau_{zy}\, n_z$$
$$f_z = \tau_{xz}\, n_x + \tau_{yz}\, n_y + \sigma_z\, n_z$$

(5.3)

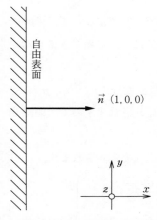

自由表面

$\vec{n}$ $(1, 0, 0)$

y

z　x

図 5.4 x 軸に垂直な自由表面

例えば，**図 5.4** に示すように x 軸に垂直な面を考えます。いま，この面上には外力が作用していません。このとき，この面を**自由表面**と呼びます。

この自由表面では $n_x = 1$, $n_y = n_z = 0$ ですから，式 (5.3) より，$\sigma_x = \tau_{xy} = \tau_{xz} = 0$ であることがただちにわかります。式 (5.3) は，外力と応力の関係式としてさまざまな場合に応用できる，たいへん有用な式です。

（コラム）　**テンソルについて**

テンソルは数学の概念で，一般的には n 階のテンソルが定義できます。0 階のテンソルは**スカラ**，1 階のテンソルは**ベクトル**と呼ばれます。

普通，テンソルといえば 2 階のテンソル，すなわち**マトリックス**を指します。テンソルは座標変換則を表現するのに適した表記法です。これを使えば，複雑な数式を簡潔に理解することができます。

応力はここで説明したように，任意に定義した座標系で表されますので，異なる座標系に変換できなければなりません。そのとき，応力がテンソルであることを知っているとたいへん便利です。

5.2　工 学 ひ ず み

本節では，応力と同様に，ひずみも三次元空間で一般的に定義します。4章までは，ひずみは伸びを元の長さで割ったものとして定義していました。

　しかし，複雑な形状の物体に生じるひずみは，物体の内部で一定値にはならず，場所により変化します。

〔1〕 工学ひずみの定義

　複雑な形状の物体に生じるひずみは，物体の内部で一定値にならず，場所により変化します。そのような場合，元の長さは局所的にしか定義できません。すなわち，ひずみは微分形で表されます。

　また，変位はベクトル量であり，三次元空間では3成分，u_x，u_y，u_zを持ちます。ひずみはそれぞれの方向への変形に対して定義されますので，偏微分の形で定義されることになります。

　工学の分野で広く使われている**工学ひずみ**[†]は，次式で定義されます。

$$\left.\begin{array}{lll} \varepsilon_x = \dfrac{\partial u_x}{\partial x}, & \varepsilon_y = \dfrac{\partial u_y}{\partial y}, & \varepsilon_z = \dfrac{\partial u_z}{\partial z}, \\[2mm] \gamma_{xy} = \dfrac{\partial u_y}{\partial x} + \dfrac{\partial u_x}{\partial y}, & \gamma_{yz} = \dfrac{\partial u_z}{\partial y} + \dfrac{\partial u_y}{\partial z}, & \gamma_{zx} = \dfrac{\partial u_x}{\partial z} + \dfrac{\partial u_z}{\partial x} \\[2mm] \gamma_{xy} = \gamma_{yx}, & \gamma_{yz} = \gamma_{zy}, & \gamma_{zx} = \gamma_{xz} \end{array}\right\} \quad (5.4)$$

　これらのうち，ε_x，ε_y，ε_zは垂直ひずみです。また，γ_{xy}，γ_{yz}，γ_{zx}はせん断ひずみです。応力と同様に，せん断ひずみも$\gamma_{xy} = \gamma_{yx}$と対称になるよう定義されています。すなわち，ひずみも独立な6成分を持つわけです。

〔2〕 せん断ひずみの意味

　せん断ひずみの式の意味を考えてみましょう。**図5.5**には，物体の表面で定義した$x-y$座標系と，それぞれの方向にとった微小長さ$\mathrm{OA}=dX$，$\mathrm{OB}=dY$を示します。

　この物体が変形した結果として，座標系の中心点Oはu_x，u_yの変位を生じ，点O′に移動したものとします。また，点A，Bもそれぞれ点A′，B′に移動しました。

[†]　**工学ひずみ**：1.2節参照

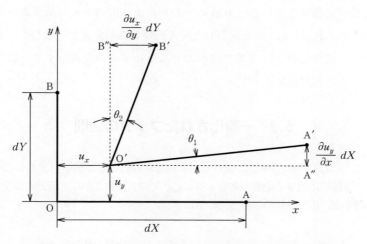

図5.5 物体の表面の $x-y$ 座標系と，それぞれの方向の微小長さ

dX, dY は微小量ですから，点 A の y 方向変位量は

$$u_y + \frac{\partial u_y}{\partial x} dX$$

となります。したがって，図より

$$A'A'' = \frac{\partial u_y}{\partial x} dX$$

であり，同様に

$$B'B'' = \frac{\partial u_x}{\partial y} dY$$

となります。u_x, u_y は微小量ですから，$A'A''$，$B'B''$ を点 O' を中心とする円弧の一部とみなすことができます。すると，中心角の定理より

$$\angle A'OA'' = \frac{\partial u_y}{\partial x}, \quad \angle B'OB'' = \frac{\partial u_x}{\partial y}$$

となります。すなわち

$$\gamma_{xy} = \gamma_{yx} = \frac{\partial u_y}{\partial x} + \frac{\partial u_x}{\partial y} \tag{5.5}$$

は，変形前に直角であった∠AOB の，変形による直角からの減少量を意味しています。これは，1.2 節で説明したせん断ひずみの定義と一致しています。すなわち，式（5.4）は，1 章で述べたせん断ひずみの定義をより一般化したものであることがわかります。

5.3　一般化されたフックの法則

　　応力とひずみの関係についても，本章で定義した 6 成分それぞれについて，正確に定義する必要があります。ここでは，1 章で学んだ応力とひずみの関係を，より一般的な場合に拡張します。

〔1〕　三次元場での応力 − ひずみ関係

　図 5.6 の直方体に，応力 σ_x のみが作用する場合を考えます。これによって生じるひずみは，式（1.5）より次式で表されます。

$$\varepsilon_x = \frac{1}{E}\,\sigma_x, \quad \varepsilon_y = \varepsilon_z = -\frac{\nu}{E}\,\sigma_x \tag{5.6}$$

他の二つの垂直応力成分 σ_y，σ_z が同時に作用することを考えると

$$\left.\begin{array}{l} \varepsilon_y = \dfrac{1}{E}\,\sigma_y, \quad \varepsilon_z = \varepsilon_x = -\dfrac{\nu}{E}\,\sigma_y \\[3mm] \varepsilon_z = \dfrac{1}{E}\,\sigma_z, \quad \varepsilon_x = \varepsilon_y = -\dfrac{\nu}{E}\,\sigma_z \end{array}\right\} \tag{5.7}$$

のひずみが発生します。

　一般に，垂直応力の 3 成分が同時に作用するときは，これらを重ね合わせることができるので，次式が得られます。

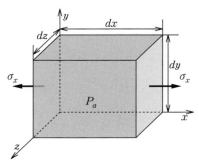

図 5.6　直方体に応力 σ_x のみが作用

$$\varepsilon_x = \frac{1}{E}\left\{\sigma_x - \nu(\sigma_y + \sigma_z)\right\}$$

$$\varepsilon_y = \frac{1}{E}\left\{\sigma_y - \nu(\sigma_z + \sigma_x)\right\} \tag{5.8}$$

$$\varepsilon_z = \frac{1}{E}\left\{\sigma_z - \nu(\sigma_x + \sigma_y)\right\}$$

また，せん断応力とせん断ひずみの関係は，それぞれの成分が独立に

$$\gamma_{xy} = \frac{1}{G}\,\tau_{xy}, \quad \gamma_{yz} = \frac{1}{G}\,\tau_{yz}, \quad \gamma_{zx} = \frac{1}{G}\,\tau_{zx} \tag{5.9}$$

と与えられます。式 (5.8) と式 (5.9) は，三次元空間での応力とひずみの関係を表すもので，**一般化されたフックの法則**（generalized Hooke's law）と呼ばれます。この式は一般の弾性体に成立する関係であり，きわめて重要な関係式です。

〔2〕 **体 積 ひ ず み**

図5.6の直方体の体積変化を調べてみましょう。

x 方向の長さ dx は，ひずみ ε_x によって長さが変化し，$dx(1+\varepsilon_x)$ になります。他の辺もそれぞれ $dy(1+\varepsilon_y)$，$dz(1+\varepsilon_z)$ と長さを変えます。

1章で説明したように，せん断ひずみによって長さは変化しません。直方体の変形前の体積を V_0，変形後の体積を V とすれば，体積変化の割合は次式で与えられます。

$$\frac{V-V_0}{V_0} = \frac{dx(1+\varepsilon_x)\,dy(1+\varepsilon_y)\,dz(1+\varepsilon_z) - dx\,dy\,dz}{dx\,dy\,dz}$$

$$= \varepsilon_x + \varepsilon_y + \varepsilon_z + \varepsilon_x\varepsilon_y + \varepsilon_y\varepsilon_z + \varepsilon_z\varepsilon_x + \varepsilon_x\varepsilon_y\varepsilon_z$$

$$\fallingdotseq \varepsilon_x + \varepsilon_y + \varepsilon_z = \frac{1-2\nu}{E}(\sigma_x + \sigma_y + \sigma_z) \tag{5.10}$$

ここで，ひずみは微小量なので，二次以上の項は無視しています。このように，体積変化の割合は，応力によって表すこともできます。これを**体積ひずみ**と呼びます。

5.4　平面応力と平面ひずみ

　いままでは，三次元空間での一般的な議論をしてきました。応力，ひずみともそれぞれ6成分があり，問題を解くにはこれらを全部求めることになりますので，簡単ではありません。そこで，ある条件が満たされたら，これを二次元問題に近似して解こうという試みがなされています。

〔1〕　二 次 元 近 似

例として，**図5.7**に示す引張り試験片を考えてみます。

　座標系を図のように定義すると，この試験片はx–y平面内で形状が定義され，z方向には形状変化がありません。また，これに作用する外力もx–y面内に作用しており，z方向には作用していません。このような場合，二次元問題として近似することは十分可能となります。ただし，この場合，厚さとして単位板厚を仮定することとします。

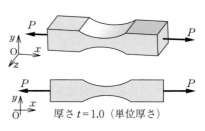

厚さ$t = 1.0$（単位厚さ）

図5.7　二次元問題として近似できる引張り試験片

　このように，z軸を無視して**二次元近似**した場合，z軸に関わるすべての項をゼロと近似できれば，x–y座標系のみで議論することができます。それは可能でしょうか。

　応力とひずみのうち，z軸に関わる項は，σ_z，τ_{yz}，τ_{zx}，ε_z，γ_{yz}，γ_{zx}の6成分です。このうち，せん断成分についてはz軸方向の力が作用していませんから，$\tau_{yz} = \tau_{zx} = 0$とすることができ，その結果，式（5.9）より$\gamma_{yz} = \gamma_{zx} = 0$となります。しかし，$\sigma_z$と$\varepsilon_z$の間には式（5.8）の関係があるため

$$\left.\begin{array}{l} \varepsilon_z = 0 \text{ とすると, } \sigma_z = \nu(\sigma_x + \sigma_y) \\[2mm] \sigma_z = 0 \text{ とすると, } \varepsilon_z = -\dfrac{\nu(\sigma_x + \sigma_y)}{E} \end{array}\right\} \tag{5.11}$$

となります。

　一般に, $\sigma_x + \sigma_y = 0$ ではありませんから, $\sigma_z = 0$ と $\varepsilon_z = 0$ は両立しません。すなわち, 二次元問題への近似は2通りの方法で行われることになります。それらが平面応力近似と平面ひずみ近似です。

〔2〕 平面応力近似

　平面応力近似(plane stress)とは, 応力が平面的であると仮定する近似です。すなわち, $\sigma_z = \tau_{yz} = \tau_{zx} = 0$ と仮定します。

　図5.7の問題では, 試験片表面は z 軸に垂直であり, そこに外力は作用していませんから自由表面です。すると, 5.1節で説明した自由表面の定義により, ここでは $\sigma_z = \tau_{yz} = \tau_{zx} = 0$ が厳密に成立しています。すなわち, 試験片表面は平面応力状態にあります。

　もし, この試験片が十分薄ければ, 試験片の両表面は平面応力状態にあり, 試験片内部でも z 方向の応力はさほど大きくならないと考えることができます。すなわち, 平面応力近似は薄板の二次元近似として有効です。

　平面応力状態での応力とひずみの関係は, 式 (5.8), 式 (5.9) に $\sigma_z = \tau_{yz} = \tau_{zx} = 0$ を代入することで得られます。

$$\varepsilon_x = \frac{1}{E}(\sigma_x - \nu\sigma_y), \quad \varepsilon_y = \frac{1}{E}(\sigma_y - \nu\sigma_x), \quad \gamma_{xy} = \frac{1}{G}\tau_{xy} \tag{5.12}$$

　この式のほかに $\varepsilon_z = -\nu(\sigma_x + \sigma_y)/E$ の関係がありますが, これは二次元近似により問題を解いたあとに, 求められた応力成分から z 方向のひずみが求められることを意味しています。

〔3〕 平面ひずみ近似

　平面ひずみ近似(plane strain)とは, $\varepsilon_z = \gamma_{yz} = \gamma_{zx} = 0$ と仮定する近似です。一般に, 厚板の二次元近似に用いられます。

　応力とひずみの関係は次式のようになります。

$$\left. \begin{array}{l} \varepsilon_x = \dfrac{1-\nu^2}{E}\left(\sigma_x - \dfrac{\nu}{1-\nu}\,\sigma_y\right) \\[3mm] \varepsilon_y = \dfrac{1-\nu^2}{E}\left(\sigma_y - \dfrac{\nu}{1-\nu}\,\sigma_x\right) \\[3mm] \gamma_{xy} = \dfrac{1}{G}\,\tau_{xy} \end{array} \right\}$$ (5.13)

ここでも $\sigma_z = \nu\,(\sigma_x + \sigma_y)$ の式が成立しており，問題が解かれたあとで z 方向の応力を知ることができます。

平面ひずみは厚板の二次元近似に使われますが，実際には厚板といえども，板の表面は平面応力状態になっています。したがって，二次元近似せずに三次元問題として解くと，板内部では平面ひずみ状態，表面では平面応力状態に近い状態になっています。

5.5 内圧を受ける薄肉円筒

内圧を受ける薄肉円筒は，多くの機器，部品に用いられています。これにどのような応力が生じるかを知っておくことが重要です。

薄肉円筒の問題

図 5.8 に示すように，上下端が密封された円筒容器の内部に，内圧 p が作用している問題を考えます。これはガスなどを密封する場合にしばしば現れる問題で，実用上重要な問題です。この円筒容器の肉厚 t は，円筒容器半径 r_0 に対して十分小さいものとします。

このとき，この容器壁内部に発生する応力は，図の円筒座標系によって定義され，それぞれ**半径方向応力** σ_r，**周方向応力** σ_θ，**軸方向応力** σ_z と呼ばれます。σ_θ，σ_z は，それぞれ次式で与えられることが知られています。

$$\sigma_\theta = \frac{pr_0}{t}, \quad \sigma_z = \frac{pr_0}{2t} = \frac{1}{2}\,\sigma_\theta$$ (5.14)

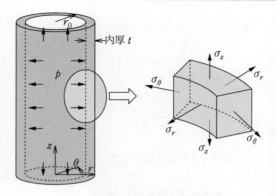

図 5.8 円筒容器の内部に内圧 p が作用

σ_r は p のオーダの値です。

肉厚 t が r_0 に比べて十分小さいので，σ_θ，σ_z は σ_r に比べて十分大きな値となります。すなわち，$\sigma_r = 0$ と仮定してよいことになります。これは，$\sigma_z = 0$ を仮定した平面応力問題と類似の問題になります。すなわち，平面応力近似の応力–ひずみ関係の式 (5.12) より

$$\left. \begin{aligned} \varepsilon_\theta &= \frac{1}{E}(\sigma_\theta - \nu\sigma_z) = \frac{2-\nu}{2E}\frac{pr_0}{t} \\[2mm] \varepsilon_z &= \frac{1}{E}(\sigma_z - \nu\sigma_\theta) = \frac{1-2\nu}{2E}\frac{pr_0}{t} \end{aligned} \right\} \tag{5.15}$$

のようにひずみが求められます。

では，これによる円筒の体積変化を調べてみましょう。円周方向のひずみは ε_θ ですから，円周方向の長さの変化は $2\pi r_0\,\varepsilon_\theta$ です。したがって，半径の変化量を δ_r とすれば

$$2\pi\delta_r = 2\pi r_0\,\varepsilon_\theta$$

$$\therefore\ \ \delta_r = r_0\,\varepsilon_\theta = \frac{2-\nu}{2E}\frac{pr_0^{\,2}}{t} \tag{5.16}$$

また，長さの変化は $l\varepsilon_z$ ですから，体積の変化量は

$$\frac{V-V_0}{V_0} = \frac{\pi r_0^2 (1+\varepsilon_\theta)^2\, l(1+\varepsilon_z) - \pi r_0^2 l}{\pi r_0^2 l}$$

$$= (1+\varepsilon_\theta)^2\,(1+\varepsilon_z) - 1 \fallingdotseq 2\varepsilon_\theta + \varepsilon_z$$

$$= \frac{5-4\nu}{2E}\,\frac{pr_0}{t} \tag{5.17}$$

と求められます。

(コラム)　**内圧と外圧を受ける厚肉円筒の応力**

円筒が薄肉の場合は式（5.14）で十分ですが，厚肉の場合はこの式は使えません。右図のように，内半径 a，外半径 b の厚肉円筒が，内圧 p_i と外圧 p_o とを同時に受けている場合，円筒内での応力分布は次式で表されます。

$$\sigma_r = \frac{a^2 b^2 (p_o - p_i)}{b^2 - a^2}\,\frac{1}{r^2} + \frac{a^2 p_i - b^2 p_o}{b^2 - a^2}$$

$$\sigma_\theta = \frac{-a^2 b^2 (p_o - p_i)}{b^2 - a^2}\,\frac{1}{r^2} + \frac{a^2 p_i - b^2 p_o}{b^2 - a^2}$$

これは薄肉円筒の近似解とは異なり，厳密解ですから有用な式です。

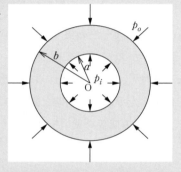

図　内圧と外圧を受ける厚肉円筒

5.6　焼きばめ問題

内圧を受ける薄肉円筒問題の応用例として，焼きばめ問題を考えてみましょう。これは，実用的にしばしば用いられる円管の接合方法です。

鋼管と銅管の焼きばめ

図 5.9 に示すように，鋼管と銅管があり，鋼管の内径は銅管の外径より δ だけ小さいものとします。このままでは，鋼管を銅管にはめ合わせることはできません。

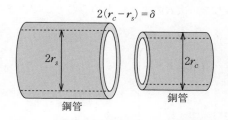

$$2(r_c - r_s) = \delta$$

$2r_s$

鋼管

$2r_c$

銅管

図5.9 口径の異なる鋼管と銅管の焼きばめ

そこで，鋼管を熱して，熱膨張させます。鋼管の内径が δ だけ大きくなったところで銅管をはめ合わせて冷却すれば，鋼管は収縮し，2本の管を接合することができます。これを**焼きばめ**といいます。このとき，それぞれの管にどれだけの応力が生じるかを考えてみましょう。

鋼管の肉厚，ヤング率をそれぞれ t_s, E_s とし，銅管のそれらを t_c, E_c とします。両管の接触面の半径を r とします。t_s, t_c は r に比べて微小であると考えて，両管の半径は等しく r であるとしてよいものとします。

鋼管，銅管ともに蓋がありませんから，z 方向には力が発生せず，生じる応力は σ_θ のみです。鋼管には内圧が作用し，銅管には逆に外圧が作用します。それぞれの圧力は作用・反作用の原理により等しく，p であるとします。

鋼管には内圧 p により応力 σ_θ，ひずみ ε_θ が生じます。それによる半径の変化量 δ_{rs} は，次式より求められます。

$$\sigma_\theta{}^s = \frac{pr}{t_s}, \quad \varepsilon_\theta{}^s = \frac{1}{E_s}\sigma_\theta{}^s = \frac{pr}{E_s\,t_s}, \quad \delta r_s = r\varepsilon_\theta{}^s = \frac{pr^2}{E_s\,t_s} \tag{5.18}$$

一方，銅管は外圧を受けますから，応力は内圧の場合の符号が反対になります。

$$\sigma_\theta{}^c = -\frac{pr}{t_c}, \quad \varepsilon_\theta{}^c = \frac{1}{E_c}\sigma_\theta{}^c = -\frac{pr}{E_c\,t_c}, \quad \delta r_c = r\varepsilon_\theta{}^c = -\frac{pr^2}{E_c\,t_c} \tag{5.19}$$

鋼管の半径は大きくなり，銅管の半径は小さくなります。それらの和が，外形の差 δ と等しくなります。よって

$$2\delta r_s + \left|2\delta r_c\right| = \frac{2pr^2}{E_s\,t_s} + \frac{2pr^2}{E_c\,t_c} = \delta$$

$$\therefore\ p = \frac{\delta}{2r^2}\frac{E_s\,t_s\,E_c\,t_c}{E_s\,t_s + E_c\,t_c} \tag{5.20}$$

これより，それぞれの管に生じる応力を，次式のように求めることができます。

$$
\left.
\begin{aligned}
\text{鋼管で} \quad \sigma_\theta &= \frac{pr}{t_s} = \frac{\delta}{2r}\frac{E_s\,E_c\,t_c}{E_s\,t_s + E_c\,t_c} \quad \text{（引張り）} \\[2mm]
\text{銅管で} \quad \sigma_\theta &= \frac{pr}{t_c} = \frac{\delta}{2r}\frac{E_s\,E_c\,t_s}{E_s\,t_s + E_c\,t_c} \quad \text{（圧 縮）}
\end{aligned}
\right\} \tag{5.21}
$$

5.7 応力の座標変換と主応力

　本章の冒頭では，三次元空間での応力とひずみを定義しました。それは x $-y-z$ 座標系を基礎にして定義しましたが，この座標系は任意に定義したものであり，絶対的なものではありません。本節では，二次元に近似された応力状態を対象として，座標系の回転によって応力がどのように変化するかを調べてみましょう。

〔1〕 主 応 力

　いま，**図 5.10**（a）に示す $x-y$ 座標系に対して，応力が測定され，$(\sigma_x,\ \sigma_y,\ \tau_{xy})$ が求められたとします。同じ場所に図（b）のように，反時計方向に θ だけ回転した座標系を考えると，この新しい座標系での応力（σ_x', σ_y',

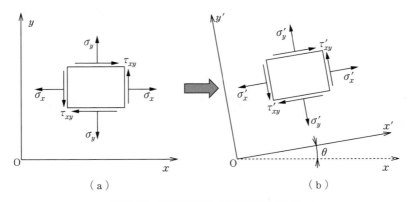

（a）　　　　　　　　　　　　（b）

図 5.10 θ だけ回転した座標系での応力

$\tau_{xy}{}'$）は，元の座標系での応力と次式で関係づけられます。

$$\sigma_x{}' = \frac{1}{2}(\sigma_x + \sigma_y) + \frac{1}{2}(\sigma_x - \sigma_y)\cos 2\theta + \tau_{xy}\sin 2\theta$$

$$\sigma_y{}' = \frac{1}{2}(\sigma_x + \sigma_y) - \frac{1}{2}(\sigma_x - \sigma_y)\cos 2\theta - \tau_{xy}\sin 2\theta \qquad (5.22)$$

$$\tau_{xy}{}' = -\frac{1}{2}(\sigma_x - \sigma_y)\sin 2\theta + \tau_{xy}\cos 2\theta$$

すなわち，応力の個々の成分は，座標系の回転に伴ってその値を変えることになります。このことは，**図 5.11** からも明らかです。丸棒に引張り力が作用しているとき，図（a）の座標系では $\sigma_x = P/A$, $\sigma_y = 0$ となるのに対して，図（b）のように座標系を 90°回転させると，$\sigma_x = 0$, $\sigma_y = P/A$ となっています。

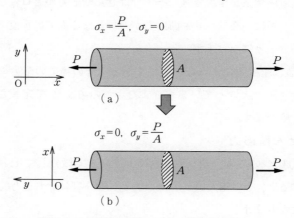

図 5.11　座標系の回転につれて応力が変化する

しかし，このように応力が座標系の回転につれて値を変化させるのでは，設計に際して，材料の基準となる強度とどの応力を比較すればよいのか，決めることができません。そこで，座標系に依存しない応力を知る必要があります。

そこで，式（5.22）で示される $\sigma_x{}'$ が，θ の値によってどのように変化するかを調べるために，$\sigma_x{}'$ を θ で微分し，その極値を計算します。すると，極大値 σ_1，極小値 σ_2 として次式が得られます。また，その極値を与える角度 θ_n も決められます。

$$\sigma_1 = \frac{1}{2}(\sigma_x + \sigma_y) + \frac{1}{2}\sqrt{(\sigma_x - \sigma_y)^2 + 4\tau_{xy}^2}$$

$$\sigma_2 = \frac{1}{2}(\sigma_x + \sigma_y) - \frac{1}{2}\sqrt{(\sigma_x - \sigma_y)^2 + 4\tau_{xy}^2}$$ (5.23)

$$\tan 2\theta_n = \frac{2\tau_{xy}}{\sigma_x - \sigma_y}$$

これは $x-y$ 座標系から反時計回りに θ_n だけ回転したときの応力値であり，これらを**主応力**（principal stress）と呼びます。この主応力面では，せん断応力値はゼロになります。

以上をまとめると，ある応力状態に対しては，つねに垂直応力が極大値と極小値を与える座標系が定義でき，そこではせん断応力がゼロになるということができます。逆にいえば，せん断応力がゼロとなる面での垂直応力は，主応力であるということになります。

この応力値は座標系によらない値ですから，その場での応力の大きさ，強さを示すパラメータとなっています。また，この角度 θ_n で定義される座標系を**主応力面**と呼びます。

〔2〕 **主せん断応力**

せん断応力についても，式 (5.22) の τ_{xy}' を θ で微分してその極値を調べてみます。すると，その極大値 τ_1，極小値 τ_2，ならびにそれを与える面 θ_c は，次式のようになります。

$$\tau_1 = \frac{1}{2}\sqrt{(\sigma_x - \sigma_y)^2 + 4\tau_{xy}^2}$$

$$\tau_2 = -\frac{1}{2}\sqrt{(\sigma_x - \sigma_y)^2 + 4\tau_{xy}^2}$$ (5.24)

$$\tan 2\theta_c = -\frac{\sigma_x - \sigma_y}{2\tau_{xy}}$$

これらの極値を**主せん断応力**と呼び，その面を**主せん断応力面**と呼びます。

$\tan2\theta_n \times \tan2\theta_c = -1$ ですから，$2\theta_n$ と $2\theta_c$ は直交します。すなわち，主応力面 θ_n と主せん断応力面 θ_c は，たがいに 45°回転した面です。

主せん断応力は，主応力 σ_1，σ_2 により次式のように表すこともできます。

$$\tau_1 = \frac{1}{2}(\sigma_1 - \sigma_2), \quad \tau_2 = -\frac{1}{2}(\sigma_1 - \sigma_2) \tag{5.25}$$

主せん断応力は，主応力と同じように座標系によらない値をとります。これは塑性変形の発生と密接に関係した応力であり，複雑な応力状態のときには正確に評価する必要があります。

〔3〕 モールの応力円

主応力や主応力面の評価は前記の式を用いればできますが，これらを用いることなく，一つの円を描くことで，簡単にこのような応力状態を評価できる手法が，19世紀にモール（O. Mohr）によって開発されました。これを**モールの応力円**と呼び，**図 5.12** に示します。

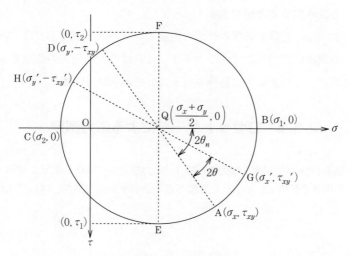

図 5.12 モールの応力円

ある座標系で，応力場 $(\sigma_x,\ \sigma_y,\ \tau_{xy})$ が測定されたものとします。このとき，つぎの手順でモールの応力円を描いて応力状態を調べます。

手順①　横軸に垂直応力 σ を，縦軸にせん断応力 τ をとります。ただし，せん断応力の正値は下向きに取ることとします。

手順②　点 $((\sigma_x + \sigma_y)/2,\ 0)$ を円の中心にして点 A $(\sigma_x,\ \tau_{xy})$ を円弧上の点として，コンパスで円を描きます。

手順③　円と σ 軸との二つの交点が主応力 σ_1, σ_2 を表し，円の τ 軸方向での最大値と最小値が主せん断応力 τ_1, τ_2 を表します。これらの値は定規で読み取ることができます。

手順④　中心点と点 $(\sigma_x,\ \tau_{xy})$ を結ぶ線と，σ_1 方向の σ 軸との角度が $2\theta_n$ を示していますから，分度器でこれを読み取ることができます。

手順⑤　さらに，いまの座標系から反時計方向に θ だけ回転した座標系での応力場 $(\sigma_x{}',\ \sigma_y{}',\ \tau_{xy}{}')$ を知りたければ，この円弧上を反時計方向に 2θ だけ回転した点の値を読めば，それが $(\sigma_x{}',\ \tau_{xy}{}')$ となっています。$\sigma_y{}'$ の値は，この中心線が円と交わるもう1点で $(\sigma_y{}',\ -\tau_{xy}{}')$ となっていますので，これも読み取ることができます。

　以上のように，計算を必要とせず，定規・コンパス・分度器だけで応力状態を正確かつ簡単に調べることができます。これは偉大な先人の知恵ともいうべきものであり，ぜひ使い方に習熟されることをお勧めします[†]。

5.8　ロゼットゲージによる応力測定

　稼動中の機器は多軸応力状態にあり，応力が複雑に変化します。機器を安全に利用するために，そうした機器の応力状態を知る必要がしばしば生じます。

ロゼットゲージ

機器の応力測定のために最もよく利用されるのがひずみゲージです。しかし，1.6 節で見たひずみゲージでは，ゲージの長さ方向のひずみが検出できる

[†]　なぜこの方法で必要な値を得ることができるのかについては，他の教科書（例えば『材料力学』宮本 博・菊池正紀著，裳華房刊）を参照してください。

だけです。このような一方向の検出だけでは，複雑な応力状態にあるときに，例えば $(\sigma_x, \sigma_y, \tau_{xy})$ のような応力成分を求めることができません。

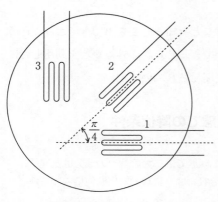

図5.13 ロゼットゲージ

こういう場合は，**図5.13**に示すような**ロゼットゲージ**を用います。これは，三つのひずみゲージが45°ずつ方向を変えて，1枚の台紙にセットしてあるものです。これで3方向のひずみが計測できます。

かりに，図の1のゲージ方向を x 軸とすると，3のゲージは y 軸となります。ここで，ひずみの座標変換式は次式で与えられます。

$$
\left.
\begin{aligned}
{\varepsilon_x}' &= \frac{1}{2}(\varepsilon_x + \varepsilon_y) + \frac{1}{2}(\varepsilon_x - \varepsilon_y)\cos2\theta + \frac{1}{2}\gamma_{xy}\sin2\theta \\
{\varepsilon_y}' &= \frac{1}{2}(\varepsilon_x + \varepsilon_y) - \frac{1}{2}(\varepsilon_x - \varepsilon_y)\cos2\theta - \frac{1}{2}\gamma_{xy}\sin2\theta \\
{\gamma_{xy}}' &= -(\varepsilon_x - \varepsilon_y)\sin2\theta + \gamma_{xy}\cos2\theta
\end{aligned}
\right\} \tag{5.26}
$$

例えば，x 軸から45°回転した x' 軸方向の伸びひずみは，式 (5.26) の第1式に $\theta = 45°$ を代入して

$$
{\varepsilon_x}' = \frac{1}{2}(\varepsilon_x + \varepsilon_y + \gamma_{xy}) \tag{5.27}
$$

となります。

ε_x と ε_y とは1と3のゲージにより求められており，${\varepsilon_x}'$ は2のゲージのひずみです。よって，これからせん断ひずみ γ_{xy} が決められます。

すべてのひずみ成分が決まると，平面応力状態での応力-ひずみ関係式より，応力成分が求められます[†]。これより，主応力やその方向，および相当応力を決定することができます。ロゼットゲージには，三つのゲージがそれぞれ60°

[†] ひずみゲージは物体の表面に貼るので，平面応力状態での応力を測定しています。

ずつ回転したものもあります。

　このように，実際に稼動中の機器の応力を直接測定するには，ロゼットゲージを用いるのが最も容易な手法です。

　しかし近年は，高温状態での応力分布などを知る必要も出てきており，そうした場合，ロゼットゲージは使うことができません。赤外線などを利用した，非接触でかつ精度の良い応力測定技術が開発されています。

5.9　多軸応力状態での降伏条件

　ここまで述べてきたように，多軸応力状態では応力の個々の成分は，座標系に依存してその値を変化させます。それでは，材料の降伏は何によって決まるのでしょうか。

二つの降伏条件

　単軸応力のときは，σ が降伏応力 σ_Y に達したときに降伏すると判定できました。しかし，応力状態が応力成分で表現されるときは，それらの応力成分の組合せによって降伏を判定しなければなりません。これを**降伏条件**と呼びます。おもに二つの降伏条件が使われています。

　（1）　**トレスカの降伏条件**　　トレスカ（Tresca）が提案したもので，主せん断応力が降伏せん断応力になったとき，降伏が生じるとしたもので，次式で表されます。

$$\tau_1 = \frac{1}{2}(\sigma_1 - \sigma_2) = \tau_Y \tag{5.28}$$

　塑性変形はすべりによるものであり，すべりはせん断応力によって生じますから，これは合理的な条件式です。

　（2）　**ミーゼスの降伏条件**　　ミーゼス（v. Mises）は，せん断ひずみエネルギーが降伏現象を支配するものとして，次式で定義される相当応力（**ミーゼス応力**）が降伏応力に達したときに降伏が生じるとしました。

$$\bar{\sigma} = \sqrt{\frac{1}{2}\left\{(\sigma_x - \sigma_y)^2 + (\sigma_y - \sigma_z)^2 + (\sigma_z - \sigma_x)^2 + 6(\tau_{xy}^2 + \tau_{yz}^2 + \tau_{zx}^2)\right\}} \quad (5.29)$$

これは，例えば二次元平面応力状態では次式のように表すことになります。

$$\bar{\sigma} = \sqrt{\sigma_x^2 + \sigma_y^2 - \sigma_x\sigma_y + 3\tau_{xy}^2} \tag{5.30}$$

これら二つの降伏条件のどちらがより実験結果と一致するのか，過去に数多くの研究が行われました。その結果，ミーゼスの降伏条件のほうがより実験に近い結果となっていることが確かめられています。

現在，有限要素法などで行われる塑性変形解析では，多くがミーゼスの降伏条件を使用しています。しかし，トレスカの降伏条件は簡潔であるため，塑性変形現象の理論解析には現在でもしばしば使われています。

また，ミーゼス応力は，複雑な応力状態にあるときの応力の大きさの程度を簡潔に示すことのできる目安としても，しばしば使用されています。

（コラム）**寸 法 効 果**

　まったく同じ材料で作った2本の試験片があります。試験片直径は，一方が10 mm，他方が10 μmと，1 000倍も異なっているとします。さて，この2本の試験片の示す降伏応力や破断強度は同じになるでしょうか。材料力学では単位面積当りの応力で考えますから，寸法が異なっていても材料が同じなら，同じになるはずですね。しかし，実際には同じにはなりません。一般に，小さい寸法の試験片のほうが，大きな降伏応力や破断強度を示します。これを**寸法効果**といいます。

　理由の一つは，材料の持つ非均質性にあります。実際の材料内部は均質ではなく，さまざまな応力集中源となる微小欠陥が存在しています。大きな寸法の試験片ほど，確率的に大きな欠陥の存在する割合が高いため，小さな寸法の試験片に比べて強度が低下します。このため，材料の強度試験は，共通の寸法の試験片で行う必要があるのです。

5章のまとめ

　本章では，応力とひずみを三次元空間で一般的に定義し，一般化されたフックの法則を学びました。また，二次元問題への近似法としての平面応力，平面ひずみについて説明しました。平面応力や平面ひずみは実際の三次元構造中でも，表面では平面応力状態，内部では平面ひずみ状態と，日常的に使われる考え方です。

　また，このような二次元近似の例として，内圧を受ける薄肉円筒の応力，ひずみ状態を調べました。実用構造に頻繁に使われる薄肉円筒構造の応力状態は，きわめて重要です。

　本章の内容は，将来材料力学の枠を超えて弾性論を学ぶときにも，最も基礎となるものです。演習問題を解くことで知識を確実に身につけておきましょう。

演 習 問 題

（**1**）　長さ 10 cm，幅 5 cm，厚さ 1 cm の長方形板があります。この板の長さと厚さを変化させずに，幅のみを 5.008 cm にするには，各辺にどのような力を加えればよいでしょうか。ヤング率 206 000 MPa，ポアソン比 0.3 として計算しなさい。

（**2**）　図 5.14 のように半径 $r = 10$ m，高さ $h = 10$ m，肉厚 $t = 0.01$ m の円筒容器があります。ここに，ある高さまで密度 $\gamma = 8.33 \times 10^3$ N/m^3 の液体を入れます。容器の許容応力が $\sigma_a = 80$ MPa だとすれば，液体を注げる最大の高さはいくらになるでしょうか。ただし，容器の自重は無視します。

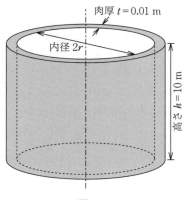

図 5.14

（3） **図5.15**のように内径 d_1，厚さ t_1，縦弾性係数 E_1，ポアソン比 ν_1 からなる軟鋼製薄肉鉛管の中に厚さ t_2，縦弾性係数 E_2，ポアソン ν_2 からなる銅製薄肉円管をちょうどいっぱいにはめ込み，内側の銅管に軸圧縮荷重 P を作用します。両管に生じる応力を求めなさい。

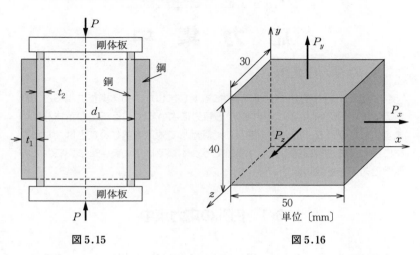

図5.15　　　　　　　　　　　　　　　**図5.16**

（4） **図5.16**のように，直方体の各面に垂直に外力が作用しています。外力の大きさはそれぞれ，$P_x = 6.0$ kN，$P_y = 2.4$ kN，$P_z = 3.0$ kN です。このとき，この直方体に生じる各応力とひずみを求め，さらに体積ひずみを求めなさい。ただし，ヤング率 70 000 MPa，ポアソン比 0.3 とします。

（5） 平面応力状態にある弾性体の 1 点において $\sigma_x = 800$ MPa，$\sigma_y = -400$ MPa，$\tau_{xy} = 450$ MPa が得られました。モールの応力円を描いてこの点での主応力値 $(\sigma_1,\ \sigma_2)$ と主応力軸の方向を求めなさい。また，この点で x 軸を30°反時計方向に回転したときの応力成分を求めなさい。

（6） ロゼットゲージのゲージ間の角度差が $\pi/3$ ずつであるとします。それぞれのゲージで ε^1，ε^2，ε^3 のひずみが検出されました。そのとき，ゲージ1を x 軸とする座標系を用いて ε_x，ε_y，γ_{xy} を ε^1，ε^2，ε^3 で表しなさい。

6

++++++++++++++

応　力　集　中

　1.9 節で，応力集中について簡単に説明しました。ある調査によると，機器の破損の 90 ％は，応力集中部から疲労によって生じることが示されています。したがって，応力集中を正しく評価して対策を講じることは，材料力学に携わる機械技術者の大切な役割です。本章では応力集中について，その原因と対策を紹介します。

6.1　円孔の応力集中

　応力集中の典型的な例は，円孔の応力集中です。実際に，リベット接合，ボルト締結など，機器の組立に不可欠なものとして，さまざまな穴，孔が使用されています。これらによる応力集中を正確に理解することが，機器の設計では必要です。

〔1〕　円孔縁での応力分布

　図 6.1 に示すように，直径 $2a$ の円孔を有する板幅 $2b$ の板が，遠方で一様に引張り応力 P を受けている場合を考えます。

　このとき，円孔の中心を通る線上での y 方向応力成分，σ_y の応力分布は次式で与えられることが知られています。

$$\sigma_y = \frac{\sigma_0}{2}\left(2 + \frac{a^2}{x^2} + 3\frac{a^4}{x^4}\right) \tag{6.1}$$

　ただしこの解は，板幅が円孔の径より十分大きいとき，すなわち $b \gg a$ のときのものであり，σ_0 は $P/(2bt)$ です。ただし，t は板厚です。σ_y の最大値

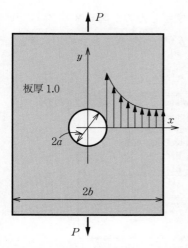

図 6.1　直径 a の円孔を有する板

は円孔縁（$x=a$）のところで，そのとき
の値は $\sigma_{y\,\max}=3\sigma_0$ となります。すなわち，
無限板中の円孔の縁では，平均応力の3倍
の応力値が発生することになります。

　最大応力がどのような場合でも，式
(6.1) のように計算できるなら，それに対
する対策は特に問題ありませんが，応力集
中問題の厄介さは，有限幅の板に対しては
この最大応力が簡単に計算できない点にあ
ります。そして，このような応力集中は，
機器・部品内の随所に現れます。したがっ
て，どのような場所に応力集中が生じるか
を正しく認識し，それに対処することが必要となります。

〔2〕　応 力 集 中 率

　ところで，図6.1の例では，円孔部分では板幅は減少し，そこでの平均応
力 σ_m は

$$\sigma_m=\frac{P}{2(b-a)t} \tag{6.2}$$

となります。

　これに対して，実際に生じた最大応力との比を**応力集中率**と呼び，α で表し
ます。

$$\alpha=\frac{\sigma_{y\,\max}}{\sigma_m} \tag{6.3}$$

　応力集中問題は，この応力集中率をパラメータとします。この式の分母が，
図6.1の板の最小断面での平均応力であることに注意してください。もし，分
母として円孔のない場所での平均応力を使うと，α の値は異なってきます。こ
ちらが使われることもありますので，応力集中率を用いるときは定義に注意し
てください。無限板のときは，どちらでも同じになります。

　さまざまな a と b の値に対する応力集中率を示したのが**図6.2**です。これ
は横軸が a/b で示されています。$a/b=0$ は，b が a に対してきわめて大きい，
無限板の場合です。

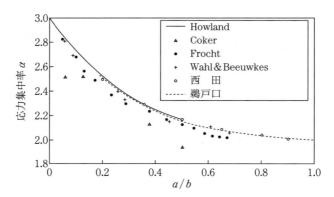

図6.2　さまざまな値 a と b に対する応力集中率
出典：『応力集中』，p.263，図 9-7（西田正孝 著，森北出版）

　a/b が大きくなるにつれて板幅の小さな問題になり，現実的な問題になっ
てきます。そうすると応力集中率は小さくなってきますが，これは応力集中が
緩和されるわけではありません。これは式（6.3）の分母，すなわち式（6.2）
で与えられる基準応力が，a と b とが近づくにつれて大きくなるためです。円
孔縁での応力の最大値は，板幅の減少とともにしだいに増加しています。

〔3〕　円孔縁での応力成分

　この構造は単純形状ではありませんから，5 章で学んだように，応力場
$(\sigma_x, \sigma_y, \tau_{xy})$ が存在します。これらはこの円孔縁でどのような値になるで
しょうか。

　円孔縁で応力が最大となる位置は，x 軸に垂直となっている点です。ここに
は外力は作用していませんから自由表面です。すなわち，x 軸に関わる応力成
分 $\sigma_x = \tau_{xy} = 0$ となります。したがって，平面応力状態での主応力とミーゼス
応力を計算してみると

$$主応力：\sigma_1 = \frac{1}{2}(\sigma_x + \sigma_y) + \frac{1}{2}\sqrt{(\sigma_x - \sigma_y)^2 + 4\pi_{xy}^2} = \sigma_y$$

$$ミーゼス応力：\overline{\sigma} = \sqrt{\sigma_x^2 + \sigma_y^2 - \sigma_x\,\sigma_y + 3\tau_{xy}^2} = \sigma_y$$

(6.4)

となり，両者とも σ_y と等しくなります。

このように多くの場合，応力集中部で発生する最大応力は，主応力でもミーゼス応力でも等しい値となります。

〔4〕 **有限要素法による応力集中の解析例**

図 6.3 には，**有限要素法**[†]でこの問題を解析して得られた応力分布を示します。円孔の近傍に，応力集中により最大の応力が生じているのがよくわかります。

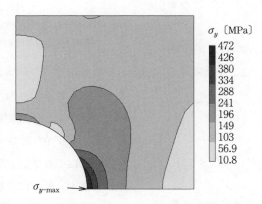

σ_y〔MPa〕

472
426
380
334
288
241
196
149
103
56.9
10.8

$\sigma_{y\text{-max}}$

図 6.3 有限要素法による円孔近傍の応力分布

応力集中率により求められるのはこの最大応力値ですが，ここだけを注目するのではなく，その周辺に応力の大きな領域が広がっていることを忘れてはいけません。このような領域内に，微細な欠陥などの他の応力集中源があると，応力集中が干渉して，単独の応力集中源によるものより高い応力を生じることもあるからです。

---

† **有限要素法**：詳しくは，7 章で説明します。

〔5〕 二つの円孔の干渉

　図6.4に，そのような応力集中の干渉効果の例を示します。これは同じ大きさの円孔が二つ並び，そこに引張り応力が作用している問題です。このときは図の2点A，Bでの応力集中が考えられます。しかし，点Aは相互に接近しているため，応力集中の干渉が起こり，ここでの応力は点Bでの応力より大きくなります。したがって，この場合は点Aでの応力集中率が問題となります。

　図6.5に，点Aの応力集中率を示

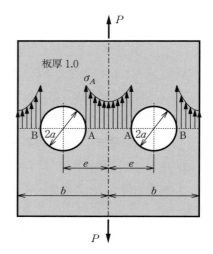

図6.4　応力集中の干渉効果の例

します。ただし，ここでは基準応力値として無限遠方での一様応力を用いています。図を見ると，円孔間の中心距離 e は一定でも，円孔の半径 a が大きくなると，相対的に二つの円孔は近づき，それにつれて応力集中率が急増していきます。例えば，飛行機の翼のリベット接合部などではたくさんのリベット孔が連続して並んでいますから，こうした干渉効果を考慮する必要があります。

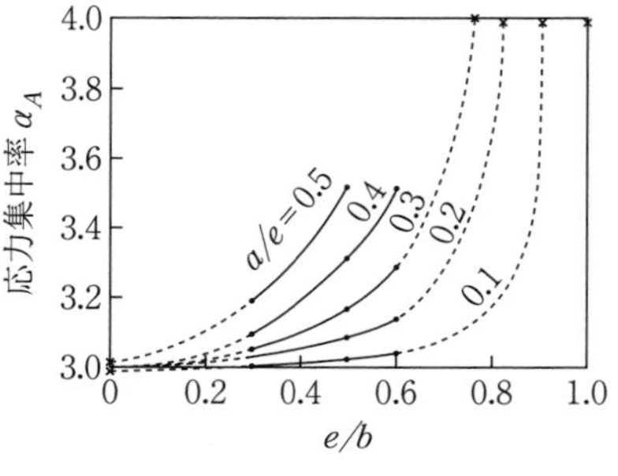

図6.5　A点の応力集中率
　出典：『応力集中』，p.451，図66
　−5（西田正孝 著，森北出版）

6.2　応力集中のいくつかの例

　円孔以外の形でも，応力集中は生じます。どのような形状で応力集中が生じやすいかを知ることが重要です。本節でいくつかの例を示します。ここで

示す例では，特に隅部で大きな応力集中が生じることに注意してください。

〔1〕 四角形の孔による応力集中

図6.6には，円孔ではなく四角形の孔による応力集中の例を示します。こ

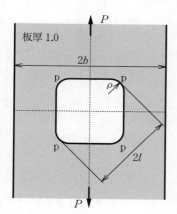

れは列車や飛行機の窓などの設計に考慮しなければならない問題です。もちろん四つの頂点では，図のように曲率を持った形状にして，応力集中を緩和しようとします。しかしそれでも，この部分には応力集中が生じます。

この図のように，有限幅の板に四角形の孔が一つだけ存在し，そこに引張り力が作用しているとき，最大の引張り応力 σ は，図中の点 p の近傍で孔の縁に対して接線方向に生じます。そこで，この σ と，無

図6.6 四角形の孔による応力集中

限遠での一様引張り応力 σ_0 との比で，応力集中率を定義します。頂点の曲率半径 ρ と対角線間距離 $2l$ をパラメータとして，さまざまな応力集中率を調べた結果を**図6.7**に示します。

〔2〕 隅部の応力集中

図6.8のように，1枚の板を，土台となる金属部に溶接によって接合して，T字型の構造を作ったものとします。この板の上端に，図のように外力 W が作用する場合を考えてみましょう。

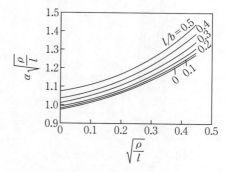

図6.7 さまざまな応力集中率
出典：『応力集中』，p.410，図52 -3（西田正孝 著，森北出版）

まず，材料力学の知識を使ってこの問題を解いてみます。垂直部を，一端を

固定された片持はりと考えることができますので，曲げ応力値の最大値は，板厚を単位板厚として，図の記号を用いて次式で求められます。

$$\sigma_{\max} = \frac{M_{\max}}{I}\frac{h}{2} = \frac{6Wl}{h^2} \qquad (6.5)$$

いま，$l = 130$ mm，$h = 20$ mm，$W = 100$ N の数値を仮定してこの応力を計算すると，$\sigma_{\max} = 195$ MPa となります。

では，この問題を有限要素法で数値解析してみましょう。結果を**図 6.9** に示します。これはミーゼス応力の等高線です。

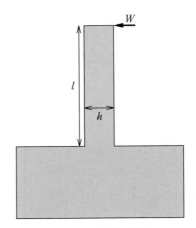

図 6.8　Ｔ字型の構造

隅部で応力が最大になり，その最大値は 621 MPa にも達しています。これは材料力学の解の 3 倍以上の値です。このように，応力集中部に生じる応力は，材料力学の知識だけでは予測できないことがしばしばあります。

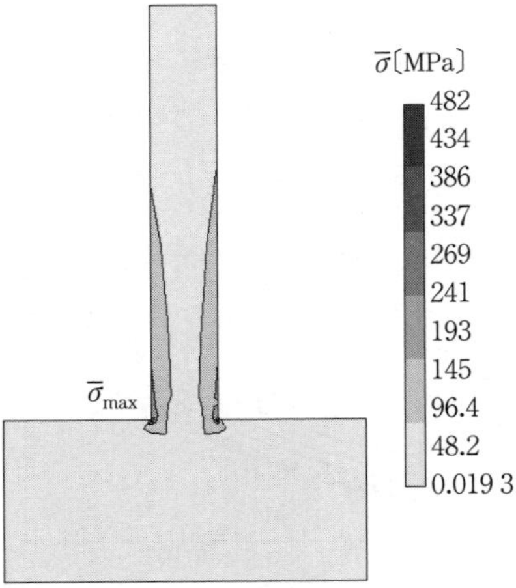

〔3〕　**だ円孔の応力集中**

図 6.10 は，長軸の長さが $2a$ のだ円形の孔を有する板が，引張り力 P を受けている状態を示しています。これは先に述べた円孔の場合と似ていますが，応力集中の程度は円孔より厳しくなります。無限の幅を持つ板の場合

図 6.9　ミーゼス応力の等高線

$\overline{\sigma}$ [MPa]

```
482
434
386
337
269
241
193
145
96.4
48.2
0.0193
```

$\overline{\sigma}_{\max}$

には，この問題の理論解が得られており，だ円孔先端の曲率半径を ρ とすると，応力集中率は次式で与えられます。

$$\alpha = 1 + 2\sqrt{\frac{a}{\rho}} \qquad (6.6)$$

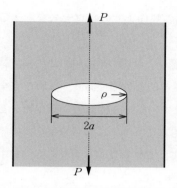

図 6.10 楕円形の孔を有する板

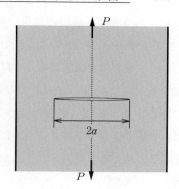

図 6.11 き 裂

すなわち，ρ が小さくなるほど応力集中率は大きくなり，だ円孔先端部には大きな応力が発生することになります。

この ρ がさらに小さくなり，ついにはほぼゼロになった状態が，**図 6.11** に示すき裂です。この場合，応力集中率は無限大になります。

現実には，応力が大きくなると，そこで材料の降伏が生じますから無限大になることはありませんが，き裂は応力集中源として最も危険なものです。したがってき裂に対しては特別の対策が必要となります。これを扱う学問が**破壊力学**[†]です。

6.3 応力集中の原因

前節ではさまざまな応力集中源の例を述べました。もし，機器・部品の設計・製造段階でこのような応力集中源をできるだけ除去することができれば，機器の破損はかなり防げることが期待できます。では，応力集中源を完全に除去することはできるのでしょうか。

応力集中源の発生

応力集中源を除去するためには，何が応力集中の原因になっているかを知る

---

†　**破壊力学**：8.1 節で概説します。

必要があります。素材の製造から機器・部品の製作までのプロセスを考えると，応力集中源はつぎのように生じます。

（**1**）　**素材の金属学的なミクロ組織中の欠陥**　　金属の結晶中の点欠陥，結晶格子欠陥（転位），結晶粒界などは金属組織学的な欠陥であり，これを完全に除去することは，現在の技術では不可能です。また，析出物，介在物などは，金属の性質を調整するために添加されるものであり，これらを完全に排除することもできません。こうしたものはすべて，ミクロなレベルでの応力集中源となります。

（**2**）　**素材の製造・加工過程で生じる欠陥**　　圧延欠陥などは出荷段階で検査され，可能な限り除去されますが，皆無にすることは困難です。また，切断，切削などの過程で形成される素材表面は，必ず何らかの荒さを持っていますから，これが表面での応力集中源となります。これらの欠陥もまた，完全に除去することは困難です。

（**3**）　**機器・部品の製作過程での欠陥**　　溶接による接合では，熱によるひずみが残留します（残留ひずみ）。また，加熱の過程で結晶粒が粗大化します。これらは応力集中源です。6.1 節で説明したリベット穴，ボルト穴なども，応力集中をもたらします。ボルトのねじ部でも応力集中が生じます。特に，**図6.12** 右上のように鋭い隅部を持つ形状の場合には，大きな応力集中を生じることに注意しなければなりません。

このように，不連続に形状が変化する部分は，ほとんどが応力集中を生じるものと考えなければなりません。こうした応力集中源もまた，完全には除去できないことは明らかです。

以上のように，実際の機器・部品中において，応力集中源を完全に除去することは，現在の技術では不可能です。すなわち，応力集中を避けるのではなく，これに適切に対処することが必要になってきます。

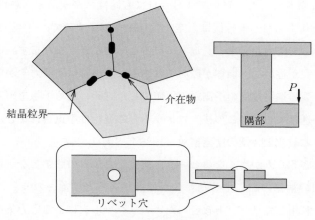

図6.12 さまざまな応力集中源

6.4 応力集中による破損の例

　過去，応力集中による破損は無数に発生してきました。そのうちのいくつかは人類史に残る悲惨な事故となり，多大の人命，財産を失う結果となっています。そうした破損事故の例をいくつかご紹介しましょう。

〔1〕 輸送船 Schenectady 号の破壊事故（1943 年 1 月 16 日）

　穏やかな天候の下，米国，オレゴン造船所に停泊中のタンカー，Schenectady 号は何の予兆もなく突然真二つに破断しました。このタンカーは戦争のために急造された全溶接船で，同じ工法で作られたタンカーにも 10 件以上の重大な破損が生じました。原因は溶接部の残留応力が引き起こした脆性破壊でした。戦後，こうした事故の原因の研究が破壊力学（8 章で解説）の成立を促しました。また，溶接残留応力の危険性を広く知らせる事故でした。

〔2〕 ジェット旅客機コメット号の墜落事故（1954 年 1 月 10 日）

　世界最初のジェット旅客機コメット号がエルバ島沖で墜落し，乗員・乗客

35名が亡くなりました。続いて4月8日にも同機種が墜落し，乗員・乗客28
名が亡くなりました。飛行機は上空では与圧されますので，「内圧を受ける薄
肉円筒」として応力が発生し，地上に戻ると応力が無くなります。この繰り返
しで疲労き裂が進展し，機体が破壊されました。当時は破壊力学が無かったた
めに疲労き裂の進展速度の予測が不正確でした。そのため予想を超える速度で
疲労破壊が進みました。この後，コメット号の運行は中止されました。

〔3〕　**日本航空123便の墜落事故**（1985年8月12日）

乗員・乗客520人が亡くなるという，航空史上最大の悲劇となった事故は，
その7年前の補修の際に生じたミスが原因であると結論されました。すなわ
ち，補修に利用したリベット接合のためのリベット穴による応力集中への対策
が不十分であり，そこから発生したき裂が突然合体して，後部隔壁全体の破壊
へとつながったものとされています。

〔4〕　**アロハ航空の飛行機上部剥離事故**（1988年4月28日）

ハワイのアロハ航空機が飛行中に，機体上部が吹き飛び，乗客が剥き出しに
なったという事故です。乗客はシートベルトを付けていたため全員無事でした
が，勤務中の機内乗務員が1人死亡しました。飛行機の機体はもともと薄い
ジュラルミンで作られていますので，一定間隔でスティフナーという構造補強
のはりが配置されています。ここで疲労亀裂の進展を止めるのですが，この機
体は長く使用されていたため多数の疲労亀裂が発生し，スティフナーでも破壊
を阻止できなかったものとされています。

〔5〕　**もんじゅの温度計ケースの破損事故**（1995年12月8日）

軽水炉に代わる次世代原子炉として期待されていた，高速増殖炉もんじゅに
おいて発生した事故です。試運転から間もない時期に，ナトリウムの温度を測
定する温度計のステンレス製のカバーが疲労破壊し，そこからナトリウムが漏
えいして空気に触れて炎上したため，原子炉は緊急停止しました。のちに，ス
テンレス製のカバーに応力集中部があり，そこから疲労破壊したことがわかり
ました。もんじゅは最終的に廃炉となることが決まり，日本の原子力政策その
ものまでが見直しを余儀なくされるほどの大きな社会的影響を及ぼした事故で

した。

〔6〕 ドイツの高速鉄道の脱線事故（1998 年 6 月 3 日）

ドイツの超高速列車「インターシティ・エクスプレス」が脱線転覆し，死者
101 名，負傷者 200 名を出しました。車輪の疲労破壊がその原因であることが
のちに確認されました。この事故のためヨーロッパ全体の鉄道の運行が 1 か月
にわたって混乱した大事故でした。

〔7〕 新幹線の台車の疲労破損事故（2017 年 12 月 11 日）

博多から東京へ向かうのぞみ 34 号で，運転中に車掌が異音や焦げた臭いな
どを感じ，名古屋駅で床下の点検を行ったところ油漏れが見つかり，運転を中
止しました。その後の検査で，あと 3 cm で台車が破断するまでに疲労亀裂が
成長していることがわかりました。運転中に破断していれば大事故を引き起こ
すところでした。原因は台車製造時に規定に反して鋼材が薄く削られ，強度が
低下していたことでした。その他にも溶接時の熱処理の不十分さなどが原因と
して指摘されました。

┌───┐
　コラム　**新聞を読んで材料力学を**

　2004 年の夏，各地の発電所で，パイプの減肉による破壊事故が発生しまし
た。高温の蒸気が長年にわたってパイプ内部を通過し，半径の変化する箇所な
どでパイプの肉厚が減少して，強度が低下したために起きた事故です。
　どの程度薄くなるとどの程度応力が増加するのか，材料力学で計算してみま
しょう。曲げに対しては 3 章，ねじりに対しては 4 章，内圧に対しては 5 章と
それぞれの知識を使えば計算できます。新聞にはときどきこうした破壊事故の
記事が載ります。それらを材料力学の知識で理解してみましょう。
└───┘

6.5　応力集中の緩和

　応力集中を完全に除去することは無理ですから，応力集中をできるだけ緩
和するよう努力することが，設計段階では重要になってきます。

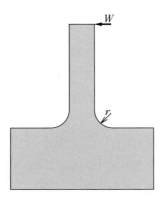

図 6.13 肉盛溶接により
r 部を作る

隅部の応力集中の緩和

　例として，図 6.8 に示した隅部の応力緩和を
考えてみます。通常，こうした構造では，板と
土台を直角に溶接することはなく，**図 6.13** の
ように**肉盛溶接**により r 部を作ります。ここで
は仮に，r＝5 mm の肉盛りをしたものとしま
す。これを有限要素法によりモデル化し，応力
を計算してみましょう。

　有限要素解析により得られた応力分布を**図
6.14** に示します。肉盛りをしていない場合の
結果（6.2 節）と比較すれば，応力集中が大幅

に緩和されていることがよくわかります。また，肉盛りにより生じた最大応力
は 267 MPa でした。これも，肉盛りしなかった場合より大幅に小さくなって
います。

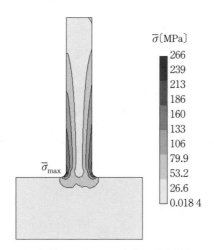

図 6.14 r＝5 mm のときの応力分布

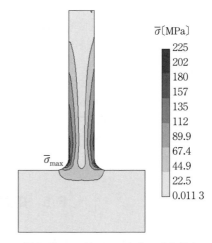

図 6.15 r＝10 mm のときの応力分布

　では今度は，この r をさらに大きく，r＝10 mm としてみましょう。結果は
図 6.15 に示すとおりで，最大応力は 227 MPa とさらに小さくなっています。

このように，r の値を変えることで，応力集中の緩和の程度を変更することができます。実際の設計では機器の重量，形状などの制約条件がありますから，それらを考慮して最適な肉盛り量を決めることになります。

最近の設計では，形状を決定したらそれを有限要素法で解析して応力分布を調べ，過大な応力集中が生じないように設計形状を変更することが一般的になっています。

6.6　応力集中を考慮した設計

　一般的にいって，必要な応力緩和量を決めることは簡単ではありません。それは機器・部品の使用される環境によって大きく異なるからです。ここでは，機器の破損の主要な原因となっている疲労に対する対策例を示します。

〔1〕　切り欠き係数 β

設計段階では，次式で定義される疲労の切り欠き係数 β を参考にします。切り欠きとは，応力集中の原因となる溝部などを指します。

$$\beta = \frac{\sigma_{w0}}{\sigma_{wk}} \tag{6.7}$$

σ_{w0} は応力集中のない平滑な試験片の疲労限度であり，σ_{wk} は切り欠きのある試験片の疲労限度です。すなわち，切り欠き係数 β は，切り欠きによる応力集中の結果，疲労強度がどの程度低下するかを示しています。

〔2〕　α と β の関係

いくつかの形状，材料については，応用集中率 α と β との関係が実験的に調べられています。一例を**図 6.16** に示します。

図は，『機械工学便覧』に収録されている例です。応力集中部が疲労負荷を受ける場合は，設計にあたってこれらを参照して，応力集中をどの程度緩和すればよいかを検討すればよいことになります。

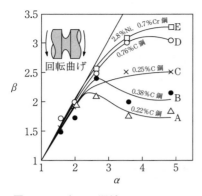

図 6.16 α と β の関係
出典：『機械工学便覧』（日本機械学
会編，丸善），『疲労設計便覧』
（日本材料学会編，養賢堂）

〔3〕 **応力集中部の監視**

　機器の使用中は，応力集中部からの疲労き裂の発生を監視することが重要となります。そのためには，定期的な検査が必要となります。き裂を機器の破損前に発見しこれに適切な対策を採ることは，機器の保守の中でも機械技術者の大切な役割です。これは破壊力学を利用することで初めて可能となります。

コラム　**身近な応力集中の例**

　機械や構造物の安全性にとって応力集中は困りものですが，日常生活ではこの応力集中を積極的に利用している例が多数あります。例えば，お菓子の袋にはたいてい切り口がついていて，この切り口での応力集中で袋を切りやすくしています。割り箸も初めから切れ目が入っていて，簡単に割ることができます。ティッシュペーパの箱にも切れ目が連続して入っていて，ここを押せば簡単に開けることができます。トイレットペーパにも連続した切れ目がありますね。これらはほんの一部です。応力集中を利用して容器を開けやすくするとか，簡単に切れるようにしているなどの例は身の周りにたくさんあります。

　このように応力集中は悪いだけのものではありません。その性質を理解して正しく使うことで，生活に不可欠なものとなっているのです。

---

6 章のまとめ

　応力集中は古くから，機械設計の際に考慮すべき最大の問題の一つでした。まず，応力集中の定義を正確に理解しましょう。特に，応力集中率の定義の分母の項には注意を払いましょう。

　現在では，応力集中によって発生する大きな応力は，本章でもいくつかの例で示したように，有限要素法でかなり正確に評価できるようになっています。その意味では，有限要素法を正しく利用することが大切になっています。そのポイントのいくつかを，7 章で説明します。

7

++++++++++++++

コンピュータによる
シミュレーション…有限要素法

　有限要素法とは，コンピュータを用いたシミュレーション技法の一つです。現在の産業にはなくてはならない技術で，多くの工学問題を解くことができます。実際に構造物に発生する応力は，有限要素法でないと解析することがほとんど不可能です。たいへん有用なシミュレーション技法ですが，あくまでも近似的に解析する手法なので，いくつかの特徴と，注意する点があります。

　本章では，基本的な考え方と効率的な利用方法について解説します。

7.1　有限要素法とは

　有限要素法（finite element method）とは，コンピュータを用いたシミュレーション技法の一つで，さまざまな種類のシミュレーションが可能です。現在の産業になくてはならない技術になっています。この有限要素法全体を説明するのはたいへん難しいので，本書では知識として知っておくべき内容に絞って解説します。

〔1〕　コンピュータによる解析

（1）　モデル作成　　コンピュータを用いてシミュレーションをするときに必ず必要となるのが，多数の四角形や三角形の基本的な図形を用いて表された**メッシュ**と呼ばれるものです。このメッシュによって，シミュレーションを行う対象の形状を表します。二次元と三次元のメッシュを**図7.1**に示します。ここでは，四辺形要素と六面体要素を用いています。

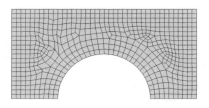
（ａ）二次元のメッシュ

（ｂ）三次元のメッシュ

図7.1 二次元と三次元のメッシュ

（2） 要 素 メッシュを構成する基本要素を，単に**要素**（element）と呼びます。この要素はシミュレーションを行うための最も基本となる最小単位です。最低一つの要素で計算できます。最大の要素数はコンピュータの性能によるところが大きく，多くの場合はコンピュータの主記憶装置（メインメモリ）の容量に依存します。

要素の形はいろいろな形状が考えられますが，おもに用いられているのは，三角形，四辺形，四面体，六面体の４種類です。この要素は**図7.2**のように**節点**（node）という位置情報から構成されます。

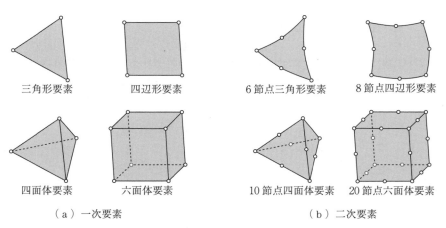

三角形要素　　　　四辺形要素　　　　6節点三角形要素　　8節点四辺形要素

四面体要素　　　　六面体要素　　　　10節点四面体要素　　20節点六面体要素

（ａ）一次要素　　　　　　　　　　（ｂ）二次要素

図7.2 代表的な要素形状

節点は，物体の挙動を代表する点になります。つまり，節点が（要素も）細かく配置されれば，それだけ詳細な物体の挙動を表すことができます。先ほ

ど, 最大の要素数はコンピュータのメモリ容量に依存するといいました。正確には, 節点数が多ければ多いほど, メモリ容量を消費します。

（**3**）　**可視化**　　このメッシュや解析した結果を, コンピュータで見る必要があります。これには, コンピュータグラフィックス（CG）を用いて描画します。基本的には線画と色による塗りつぶしで描きますが, 近年ではより進んだ描画手法も提案されています[†1]。

〔**2**〕　**理論と実現方法**

（**1**）　**偏微分方程式**　　有限要素法は, もともと高速化する航空機の設計のために開発された手法です。現在では, 機械部品などの構造物から熱, 流体など, 工学で扱っている問題を解析できるようになりました。

このような工学分野の現象は, 偏微分方程式という方程式により記述されます。一例として, 定常熱伝導問題は次式で表されます。温度を T として, 二次元の x-y 座標系での偏微分方程式は次式のように表されます。

$$\frac{\partial^2 T}{\partial x^2}+\frac{\partial^2 T}{\partial y^2}=0 \tag{7.1}$$

また, 金属などの弾性体に力が加わったときにどのような変形が生じるかは, 次式で表されます。

$$\left.\begin{aligned}\frac{\partial \sigma_x}{\partial x}+\frac{\partial \tau_{xy}}{\partial \sigma_y}=0 \\[2mm] \frac{\partial \tau_{xy}}{\partial x}+\frac{\partial \sigma_y}{\partial y}=0\end{aligned}\right\} \tag{7.2}$$

工学で扱う多くの自然現象が, このような偏微分方程式により表すことができます[†2]。

（**2**）　**離散化**　　偏微分方程式は, 特定の問題については解析的に解くことができ, 解を関数の形で得ることができます。しかし, 複雑な形状が対象の場合は, 解析解を得ることは一般に困難なのです。また, コンピュータも性能は

---

† 1　詳しくは巻末の参考文献（6）などをご覧ください。
† 2　詳しくは参考文献（7）などを参照してください。

上がったとはいえ，人間が解くのと同じように計算してくれるわけではありません。

　そこで，近似的に数値で計算できるように，対象全体を要素という基本図形により表し，近似を行うための最小単位に分割します。このように，連続している関数を，要素を用いて，全体としてはそれと等価な関数を作り出すことを**離散化**といいます。離散化は，コンピュータによるシミュレーションを行ううえで重要なプロセスです。

　（**3**）　**連立一次方程式**　　離散化では，要素が最小単位になり，それらの要素の集合がメッシュになります。離散化により，節点が形状の変形や温度を表す最小単位となります。その節点ごとの値を求めるには，連立一次方程式を解く必要があります。というのは，離散化の際，関数を，数値的に計算するために，代数的に等価な一次方程式を作成することに置き換えるためです。ほとんどの数値シミュレーションでは，最終的にこのような連立一次方程式を作成して解くというプロセスが必要になります。

　離散化をし，連立一次方程式を解く手法として，有限要素法のほかに，**有限差分法**（finite differential method）や**境界要素法**（boundary element method）などの方法が提案されています。

〔**3**〕　**実行環境と有限要素法ソフトウェア**

　（**1**）　**汎用コード**　　汎用コードは，パソコンでも利用可能です。以前は，研究レベルの有限要素法は実際にプログラムを作成していました。しかし，業務では汎用コードと呼ばれる多くの種類の解析が可能な市販の有限要素法プログラムを用いられることが多いです。

　有名な汎用コードには，MSC Software 社の MSC Nastran，ANSYS, Inc. の ANSYS，ダッソー・システムズの Abaqus などがあります（詳しくは後述）。

　（**2**）　**パソコン**　　Windows，Mac や Linux[†] が稼働するパソコンであれば利用可能です。連立一次方程式は通常，数十万から数百万元（マトリックスの

---

†　Linux：フリーの基本ソフトウェアであり，Windows や Mac のハードウェアにインストールできます。大規模なサーバーシステムや計算システムの構築に用いられています。

大きさが数十万×数十万）になります。使用メモリを節約する工夫は当然施されていますが，それでも不足しますので，メインメモリは多ければ多いほどよいでしょう。一昔前に比べれば，はるかに安い値段でメモリを増設することができます。

　また，大きなメッシュを素早く表示するためには，性能のよいグラフィックスカードがあればよいでしょう。

（3）　**パソコンを用いた CAD，CAE，CAM**　CAD，CAE，CAM はそれぞれ

Computer **A**ided **D**esign（コンピュータ支援による設計）

Computer **A**ided **E**ngineering（コンピュータ支援による工学解析・計算）

Computer **A**ided **M**anufacturing（コンピュータ支援による製造）

の頭文字の略称です。つまり，設計，検討，製造といった製品製造プロセスすべてを，コンピュータを用いて行うために必要な技術を表す用語です。

　有限要素法は，この三つの技術のうち CAE を実現するための重要な技術となっています。CAE では，実際の部品の製造を行わずに，壊れるか否かのチェックを行うことができます。特に，大きな構造物（例えば車のボディ，船舶や航空機）では，製造する前に調べることが，コストを下げるために必須となっています。

　CAD，CAE，CAM の技術は一つのソフトウェアパッケージとして市販されており，現場で実際に用いられています。

〔4〕　**有限要素法の適用範囲**

　この有限要素法の適用範囲は，多岐にわたっています。代表的な適用範囲を列挙すると，**表7.1** のようになります。

　これ以外にも，有限要素法で扱うことのできる解析対象は，流体解析，熱伝導解析，音場解析などがあります。

表7.1　有限要素法の代表的な適用範囲

静的問題	線形解析		物体の変形（微小）が力に比例する材料を対象，応力解析
	非線形解析	大変形	微小変形理論で対応できない変形，応力解析
		接　触	接触状態における変形，応力解析
		弾塑性	おもに金属材料の降伏以降の変形を含む，応力解析
		クリープ	クリープ現象の変形，応力解析
動的問題	固有値解析		構造の振動，共振周波数およびモード解析
	非線形動的解析		非線形解析かつ時間依存の変形，応力解析
座屈問題	線　形		オイラー座屈などの線形近似可能な問題
	非線形		薄肉構造物などの変形，応力解析

（**1**）　**線形と非線形**　　本書で扱っている範囲は線形†です。しかし，応力とひずみが線形でないこと（非線形）もあります。また，カーボンファイバーやゴムなどは，弾性体です。しかし，たいへん大きく変形する材料です。このように弾性体ではあるが，フックの法則が成り立たないことを，**幾何学的非線形**と呼びます。

（**2**）　**定常と非定常**　　**定常**とは，時間的変化がなく，つねに一定の状態であることを表します。**非定常**とは，時間と共に状態が変化することを表します。定常は**静的**，非定常は**動的**という呼び方もします。

（**3**）　**等方性と異方性**　　**等方性**とは，どの方向にでも材料などの特性が同じであることをいいます。**異方性**とは，方向により，例えばヤング率などが変化することをいいます。つりざおやゴルフクラブに使われているカーボンシャフトは，異方性を持っています。

〔**5**〕　**CAE システム**

CAE を実現するためのシステムとして，**汎用コード**と呼ばれるものがあります。現在では，CAD，CAE，CAM だけではなく，形状などを最適にするソ

---

†　**線形**：力と変位や応力とひずみが比例関係，つまりフックの法則が成り立つ弾性関係であること，1.4 節を参照。

フトウェアなどを組み合わせた，より高機能なソフトウェアを使うことができます。現在，市販されている汎用コードを四つ紹介します。

（1）**MSC Nastran**　　Nastran は米国 NASA（The National Aeronautics and Space Administration）と MSC Software 社の共同開発に始まり，1971 年に一般商業用にリリースされました。Nastran は最も信頼されている汎用コードの一つで，航空，自動車を初めとした多くの業界で利用されています。

（2）**MSC Marc**　　ロンドン大学とブラウン大学の研究チームが Pedro V. Marcal 博士を中心に 1965 年にプログラム開発を始め，1972 年に Marc 社が最初の Marc をリリースされました。現在では，MSC Software 社から MSC Marc として市販されています。非線形解析分野の計算が特に優れています。

（3）**ANSYS**　　1970 年に米国の John A. Swanson 博士により開発された汎用有限要素法プログラムです。開発当初は電力と機械業界におもに使用されていましたが，現在では多くの機能があり，さまざまな分野で利用されている汎用コードの一つとなっています。その特徴は，構造解析だけではなく，流体や電磁場などの解析も可能で，複数の物理現象を相互に作用させて解く連成解析機能があることです。現在では米国 ANSYS, Inc. 社が開発しています。

（4）**Abaqus**　　アメリカ HKS 社により開発された汎用目的の有限要素解析ソフトウェアです。現在はダッソー・システムズにより SIMULIA ブラン

（コラム）　**有限要素法は自然現象をどこまで表現できるでしょうか**

　多くの技術者が使用している汎用ソフトウェアを使うと，力による変形，熱や流体の移動，接触変形，溶接シミュレーションなど，複雑な自然現象が正確に再現されていることに驚きます。これらの結果はどこまで信用してよいのでしょうか。有限要素法は自然現象を数理モデルとして解析に組み込んでいます。逆にいえば，数理モデルとして組み込まれていない自然現象はまったく表現できないことになります。例えば，材料が降伏したあとの塑性変形は「連続体力学」の枠内では表現できますが，1 章で説明した，塑性変形の本質である原子面のすべりや転位の移動などは表現できません。自分の使用しているソフトウェアがどのような数理モデルを用いているかをちゃんと知ることが，結果を正確に理解するうえでは不可欠です。

ド名で開発・市販されています。Abaqus は Python（プログラミング言語）により記述されており、自作プログラムから Abaqus を利用したり制御することができます。特に非線形解析が得意な汎用有限要素法ソフトウェアです。自動車、航空宇宙、工業製品などの産業で広く使用されています。また、変更の自由度が高いため学術研究でも広く利用されています。

7.2　有限要素法の理論

　有限要素法は、かなり広範囲の一般的な問題を同一の手法で解くことを可能にします。この章では、微分方程式を積分して変形することにより、代数方程式として解けることを示します。

〔1〕　仮想仕事の原理

　有限要素法は、弾性論で解くことが困難な三次元体のような実際の問題を有限要素により近似して解く方法です。ここでは最も基本となる仮想仕事の原理について説明します。

　図7.3 に示すように、表面 S をもつ体積 V の物体が、表面 S_u 上で変位を固定されています。この物体には、物体力† (b_x, b_y, b_z) と表面 S_σ 上で表面力 (f_x, f_y, f_z) が作用しており、つり合い状態にあります。いま物体がこの状態か

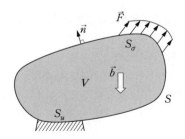

図7.3　表面 S をもつ体積 V の物体と S および
V に作用する表面力と物体力

---

† 　ここまで力は、物体の表面に作用することを考えました。これを表面力と呼びます。一方で、重力や遠心力は物体の内部の任意の体積に直接作用する力です。これを物体力と呼びます。

ら，任意の微小な**仮想変位**（virtual displacement）（$\delta u, \delta v, \delta w$）を生じたものとします。ただし，仮想変位は固定されている S_u においては $\delta u = \delta v = \delta w = 0$ を満足します。この仮想変位によって生じる仮想ひずみを $\delta\varepsilon_x, \delta\varepsilon_y, \delta\tau_{xy}$ と書けば，次式が成立します。

$$\int_V (\sigma_x\delta\varepsilon_x + \sigma_y\delta\varepsilon_y + \sigma_z\delta\varepsilon_z + \tau_{xy}\delta\gamma_{xy} + \tau_{yz}\delta\gamma_{yz} + \tau_{zx}\delta\gamma_{zx})dV$$

$$-\int_V (b_x\delta u + b_y\delta v + b_z\delta w)dV - \int_{S_\sigma} (f_x\delta u + f_y\delta v + f_z\delta w)dS = 0 \qquad (7.3)$$

これを**仮想仕事の原理**（principle of virtual work）と呼びます。

仮想仕事の原理とは，「つり合い状態にある物体に微小な仮想変位を与えると，物体中に新たに蓄えられるひずみエネルギー[†1]は，外力のした仕事に等しい」ことを示しています。ここでは，式（7.3）が成立[†2]することを前提とし有限要素法の定式化の説明に進みます。

〔2〕 **有限要素法の定式化**

有限要素法を実際に計算するためには具体的な代数方程式を求める必要があります。ここでは二次元平面問題を想定して有限要素法を定式化します。

まず，離散化するために三角形で表される要素を導入します。この要素は節点を頂点としてその頂点に与えられた物理量（変位，温度など）から内部の任意の位置の物理量を補間することができます（**図7.4**）。例えば，変位 u はつぎのように補間できます。

$$u = \frac{1}{2\Delta}\left\{(a_i + b_i x + c_i y)u_i + (a_j + b_j x + c_j y)u_j + (a_k + b_k x + c_k y)u_k\right\} \quad (7.4)$$

ただし，Δ は三角形の面積[†3]，u_i, u_j, u_k は各節点における変位 u です。a_i,

---

†1 物体が外力を受けて変形するとき，外力のなす仕事はすべて物体の変形に伴う内部エネルギーとして蓄えらます。物体の変形として蓄えられた回復可能な内部エネルギーをひずみエネルギーと呼びます。

†2 式（7.3）の証明はコロナ社書籍詳細ページにある追加資料を参照してください。

†3 三角形の面積は各頂点の座標値を用いてつぎのように表されます。

$$\Delta = \frac{1}{2}\begin{vmatrix} 1 & x_i & y_i \\ 1 & x_j & y_j \\ 1 & x_k & y_k \end{vmatrix} = \frac{1}{2}\left\{(x_j y_k - x_k y_j) + (x_k y_i - x_i y_k) + (x_i y_j - x_j y_i)\right\}$$

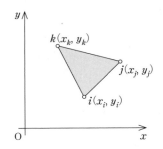

図 7.4　三角形要素の例：(x_i, y_i)
などは各節点座標位置

a_j, a_k などは以下のとおりに計算されます。

$$\left.\begin{aligned}
a_i &= x_j y_k - x_k y_j, \quad a_j = x_k y_i - x_i y_k, \quad a_k = x_i y_j - x_j y_i \\
b_i &= y_j - y_k, \quad b_j = y_k - y_i, \quad b_k = y_i - y_j \\
c_i &= x_k - x_j, \quad c_j = x_i - y_k, \quad c_k = x_j - x_i
\end{aligned}\right\} \tag{7.5}$$

　式 (7.4) を使えば，u_i, u_j, u_k を求めたい物理量に変更するだけで同様に求められます。マトリックス表示を使って表すとつぎのように表記できます。

$$\{u\} = [N]\{u^e\} \tag{7.6}$$

ここで

$$\{u\} = \begin{Bmatrix} u \\ v \end{Bmatrix}, \quad \{u^e\}^T = (u_i, v_i, u_j, v_j, u_k, v_k) \tag{7.7}$$

　式 (7.6) の $[N]$ を**形状関数**（shape function）と呼び，つぎのように表せます。

$$[N] = \frac{1}{2\Delta} \begin{bmatrix} a_i + b_i x + c_i y & 0 & a_j + b_j x + c_j y & 0 & a_k + b_k x + c_k y & 0 \\ 0 & a_i + b_i x + c_i y & 0 & a_j + b_j x + c_j y & 0 & a_k + b_k x + c_k y \end{bmatrix} \tag{7.8}$$

ひずみは，式 (5.4) より

$$\varepsilon_x = \frac{\partial u}{\partial x} = \frac{1}{2\Delta}(b_i u_i + b_j u_j + b_k u_k), \quad \varepsilon_y = \frac{\partial v}{\partial y} = \frac{1}{2\Delta}(c_i v_i + c_j v_j + c_k v_k),$$

$$\gamma_{xy} = \frac{\partial u}{\partial y} + \frac{\partial v}{\partial x} = \frac{1}{2\Delta}(b_i u_i + c_i v_i + b_j u_j + c_j v_j + b_k u_k + c_k v_k) \tag{7.9}$$

であるから

$$\begin{Bmatrix} \varepsilon_x \\ \varepsilon_y \\ \gamma_{xy} \end{Bmatrix} = \frac{1}{2\varDelta} \begin{bmatrix} b_i & 0 & b_j & 0 & b_k & 0 \\ 0 & c_i & 0 & c_j & 0 & c_k \\ c_i & b_i & c_j & b_j & c_k & b_k \end{bmatrix} \begin{Bmatrix} u_i \\ v_i \\ u_j \\ v_j \\ u_k \\ v_k \end{Bmatrix}$$

$$= \frac{1}{2\varDelta} \begin{bmatrix} y_j - y_k & 0 & y_k - y_i & 0 & y_i - y_j & 0 \\ 0 & x_k - x_j & 0 & x_i - x_k & 0 & x_j - x_i \\ x_k - x_j & y_j - y_k & x_i - x_k & y_k - y_i & x_j - x_i & y_i - y_j \end{bmatrix} \begin{Bmatrix} u_i \\ v_i \\ u_j \\ v_j \\ u_k \\ v_k \end{Bmatrix}$$

$$= [B]\{u_e\} \tag{7.10}$$

として，変位とひずみの関係を表す $[B]$ マトリックスが求められます。$[B]$ を**ひずみ形状マトリックス**（strain shape function）と呼びます。ここで使った三角形要素の内部はひずみが一定値で近似されることになります。この三角形要素を定ひずみ要素と呼びます。ひずみから応力を求められます。

$$\{\sigma\} = [D]\{\varepsilon\} \tag{7.11}$$

$[D]$ マトリックスは，平面応力と平面ひずみでそれぞれつぎのように表されます。

$$[D] = \frac{E}{(1+\nu)(1-\nu)} \begin{bmatrix} 1 & \nu & 0 \\ \nu & 1 & 0 \\ 0 & 0 & \dfrac{1-\nu}{2} \end{bmatrix} \quad \text{（平面応力）} \tag{7.12}$$

$$[D] = \frac{E}{(1+\nu)(1-2\nu)} \begin{bmatrix} 1-\nu & \nu & 0 \\ \nu & 1-\nu & 0 \\ 0 & 0 & \dfrac{1-2\nu}{2} \end{bmatrix} \quad \text{（平面ひずみ）} \tag{7.13}$$

このように表されることは式 (5.12) と (5.13) からわかります。これらの関係は，仮想変位と仮想ひずみとの間にも成立します。したがって，式 (7.10) ～(7.13) を代入すると，仮想仕事の原理の式はつぎのようになります[†1]。

$$\int_V \{\delta\varepsilon\}^T\{\sigma\}dV - \int_V\{\delta u\}^T\{b\}dV \int_{S_\sigma}\{\delta u\}^T\{f\}dS = 0 \tag{7.14}$$

$$\sum_{e=1}^N = \left[\{\delta u^e\}^T\int_{V^e}[B]^T[D][B]dV\{u^e\} - \{\delta u^e\}^T\int_{V^e}[N]^T\{b\}dV - \{\delta u^e\}^T\int_{S_\sigma e}[N]^T\{f\}dS\right] = 0 \tag{7.15}$$

ここで，V^e は個々の要素の体積です。$\{\delta u^e\}^T$ と $\{u^e\}$ は各要素の仮想変位と変位であり定数なので，積分の外に出せます。N は要素の総数です。任意の微小仮想変位 $\{\delta u^e\}^T$ について成り立つためには次式[†2] の成立が必要です。

$$\sum_{e=1}^N = \left[\int_{V^e}[B]^T[D][B]dV\{u^e\} - \int_{V^e}[N]^T\{b\}dV - \int_{S_\sigma e}[N]^T\{f\}dS\right] = 0 \tag{7.16}$$

ここで

$$[K] = \sum_{e=1}^N\int_{V^e}[B]^T[D][B]dV, \quad \{F\} = \sum_{e=1}^N\left\{\int_{V^e}[N]^T\{b\}dV + \int_{S_\sigma e}[N]^T\{f\}dS\right\} \tag{7.17}$$

とすれば，さらにつぎのように書けます。

$$[K]\{u\} = \{F\} \tag{7.18}$$

ただし，$\{u\}$ は全節点の変位を表します。この $[K]$ を**剛性マトリックス** (stiffness matrix)，$\{F\}$ を**等価節点力** (equivalent nodal force) と呼びます。このように定式化された式は代数方程式となり，もし $\{F\}$ がすべて既知であれば $[K]$ の逆行列を両辺に掛けることにより $\{u\}$ が求まり，ひずみ，応力を求められます。

〔3〕 **有限要素法による数値解析例**

具体例として片持はり（断面は 10 mm×10 mm の矩形，全長 L = 50 mm と

---

†1 ひずみが求まれば，行列の演算則よりつぎのことが成り立ちます。
$$\{\varepsilon\}^T = \{u^e\}^T[B]^T, \quad \{u\}^T = \{u^e\}^T[N]^T$$

†2 節点で与えられた物理量の体積積分や面積積分を行うには，式 (7.9) のように形状関数を使うことにより積分可能となります。

150 mm）を材料力学の解と比較します。ヤング率 $E = 200\,\mathrm{GPa}$ としたときの材料力学によるはり先端のたわみ量と，有限要素法による答えを**表7.2**に示します。また，このときの有限要素法による解析結果を**図7.5**に示します。

表7.2 材料力学と有限要素法による片持はりのたわみ量の比較

	材料力学による解〔mm〕	有限要素法による解〔mm〕
$L = 50\,\mathrm{mm}$	− 0.025 00	− 0.025 88
$L = 150\,\mathrm{mm}$	− 0.675 0	− 0.677 4

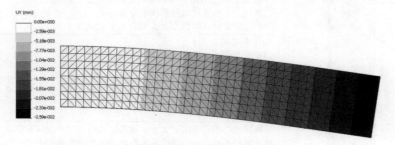

図7.5 はりのたわみ例（$L = 50\,\mathrm{mm}$）：十分に細かいメッシュであれば高精度な解析結果が得られる

双方の答えはよい一致を示しています。一方で，$L = 50\,\mathrm{mm}$ のとき，材料力学の答えは有限要素法に比べて 2.68% ほど小さな値を示しています。これは断面形状に対して全長が短いはりには材料力学が適用できないことが原因です。このような材料力学が適用できない形状において，有限要素法は有効な手段です。

7.3　有限要素法による解析

　有限要素法に限らず，コンピュータシミュレーションでは，ここで説明する三つのプロセス（プレ，メイン，ポスト）を経て解析作業を行います。コンピュータによる解析では，メッシュ生成や境界条件の与え方に注意が必要です。また，解析結果の吟味はきわめて重要です。

解析作業の流れ

有限要素法による解析作業は，大きく分けると**図7.6**のようになります。モデル作成，メッシュ生成，境界条件設定の三つの作業は**プレプロセッシング**（preprocessing）と呼びます。解析部分を**メインプロセッシング**（main processing），そして可視化を**ポストプロセッシング**（postprocessing）と呼びます。

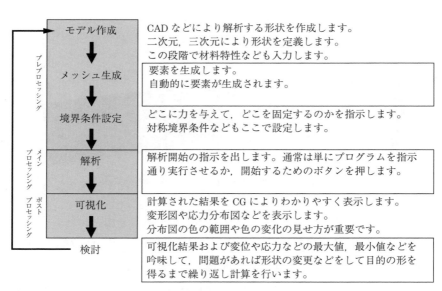

図7.6 解析作業の流れ

7.4 モデル作成／メッシュ生成／境界条件とサンブナンの原理

有限要素法のためには，例えば細かい面取りなどは解析の結果に大きく影響しないことがほとんどです。また，要素の大きさによる解析結果の影響が大きいのも特徴です。一方で，力学的に等価な境界条件であれば荷重を与えた場所から離れた場所の変位，ひずみ，応力の分布は同じになるという解析を行ううえで重要な原理についても解説します。

〔1〕 モデル作成

モデルは，CADにより形状を定義して作成します。形状は長方形，円など

図7.7 三次元モデルの例

基本的な図形を元に，**ブーリアン演算**（Boolean operation）により形状を定義していきます。また，曲線，曲面なども使うことができます。**図7.7**に三次元モデルの例を示します。

〔2〕 メッシュ生成

メッシュ生成（mesh generation）は，自動もしくは半自動で生成されます。CADによるモデルが複雑になると，全体の大きさに比べてかなり短い線分が多数生成されることがよくあります。すると，短い線分に生成される要素の大きさはかなり小さいものとなり，必要以上に多くの要素が生成されます。このような場合，コンピュータのメモリの制約で計算ができない，またはかなりの時間が必要になることがしばしばあります。解析に不要な細かい部分の形状を省略したり，要素の大きさを前もって指定したりする作業が必要になります。省略は，面取り，小さな穴や荷重を支えない突起やリブなどです。もちろん，評価すべき箇所を省略してはいけません。

要素の種類は，目的に応じて何種類もあります（7.1節参照）が，要素の中間に節点がある二次要素の精度はよいといわれています。特に三次元形状で自動要素分割を行うときは，四面体によるメッシュを作ることが多いです。四面体一次要素は，せん断力による変形があまりよく表現できません。精度のことを考えると，計算時間とメモリは必要ですが，四面体二次要素を使うことをお勧めします。

また，六面体要素は精度が良いといわれている要素の一つですが，自由な形状でメッシュが生成できない，またはたいへん難しいといわれています。精度が特に求められているときには，

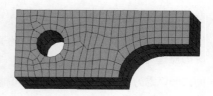

図7.8 六面体によるメッシュ

六面体二次要素を使うこともあります。

　六面体要素でメッシュを生成した例を**図7.8**に示します。この形状は，奥行き方向に同じ形状なので，六面体で要素生成するのは容易です。

〔3〕　境界条件設定

　境界条件は，力学的に意味のある条件を与えないと計算が正確に求められません。以下に大切な三つのポイントについて説明します。

（1）　**すべらないように固定**　　もし，力を受ける方向に体が固定されていないと，動いてしまいます。拘束条件を与えずに力を加えると，有限要素法のプログラムは，解析できない旨を表示するか，エラーで終了します。典型的な初心者にあるミスです。必ずx, y, z方向に拘束してあるかどうかをチェックするようにしましょう。また，回転をしないようにモーメントも支える必要があります。y方向のみに引っ張る解析で，x方向の拘束は必要ない場合でも，1点はx方向に固定するようにしましょう。**図7.9**に境界条件を示します。ここでは，穴の内側をすべて固定し，端面に200 Nの荷重を与える例です。

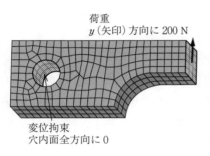

荷重
y（矢印）方向に200 N

変位拘束
穴内面全方向に0

図7.9　境界条件

（2）　**サンブナンの原理**　　境界条件を与えることを考えると，実際の状態と完全に同じように与えることは困難です。例えば，集中荷重は理想的には1点または1本の線状の荷重ですが，実際にはある一定の面積を持った面荷重になります。経験的に，「物体の一部に作用している荷重を，その荷重と等価な異なった荷重で置き換えても，荷重の作用域から十分離れたところでは，この二つの荷重の効果の差は無視できる」ことが知られています。これが**サンブナンの原理**（Saint-Venant's principle）です。つまり，評価対象とならない相対的に低い応力部のモデルは単純化可能です。また，影響の無い領域を削除することも可能です。

具体例を**図7.10**で見てみましょう。荷重を与えた個所では応力分布は異なりますが，破線より左側では一致することがわかります。

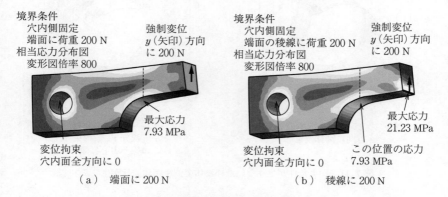

図7.10　等価な境界条件で生じる応力分布

このように，厳密に同じ境界条件でなくても力学的に等価であれば問題を単純化することができます。例えば，十分に長い試験片の長手方向の引張はモデルをある程度短くして計算コストを低減させることができます。有限要素法をはじめ構造解析の分野では有用な原理となっています。

7.5　境界条件にまつわる大切なポイント

境界条件について注意すべきことや簡略化のための方法，さらに境界条件だけでは取扱いが困難な接触問題の扱い方について触れます。

〔1〕　剛体変位と剛体回転

剛体とは変形をしない仮想的な物体のことです。本書で取り扱っている内容は線形弾性体なので変形することが前提です。有限要素法の解析では境界条件を適切に設定しないと解析結果が得られなくなります。**図7.11**に示すような境界条件（ハッチのかかっている溝部に垂直荷重）を与えて解析をするとどうなるでしょうか。

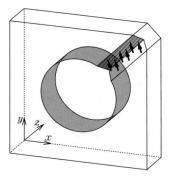 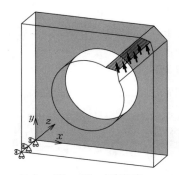

（a）　グレー部 $x,\ y$ 方向拘束
　　　z 方向に剛体変位

（b）　グレー部 z 方向拘束
　　　左下線分 $x,\ y$ 拘束
　　　この線分中心に剛体回転

図 7.11　拘束条件が足りないため剛体変位や剛体回転が生じる

　図（a）では，円孔の内面の $x,\ y$ 方向の拘束が与えられているので，回転はしませんが，z 方向の拘束がありません。荷重条件を考えると z 方向に移動します。このような平行移動は**剛体変位**といいます。

　図（b）では，$x,\ y,\ z$ のすべての方向に対して拘束はあるのですが，モーメントを支えられないため回転します。このような回転移動を生じてしまう状態を**剛体回転**と呼びます。

　これらの移動や回転は，何の変形もせずに移動するのでまるで剛体のように見えます。プログラム内部では，答えが求められない（いくらでも移動するため解が一つに定まらない）ためプログラムが停止または意味のない数値を出力します。

　解析結果が得られないときには境界条件のチェックを行い剛体変位や剛体回転が生じていないか調べてください。解析を確実に行うための基本となります。

〔2〕　**対称境界条件**

　図 7.12 に示すような，左右対称形状を持つ解析対象を考えます。ここで，左右対称の力および拘束条件を与えれば，形状の中心を境に，左右対称の変形が生じることが確かめられると思います。別の言い方をすれば，対称軸におけ

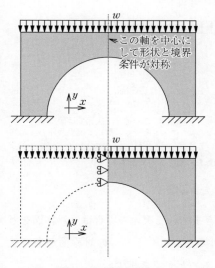

図7.12 対称境界条件

る軸と垂直方向の変位は0となります。この場合は対称軸上ではx方向の変位が0となります。

そこで，実際に解析をする場合は，図に示すように，対称軸の左右どちらかのモデルを作成し，対称軸においてx方向に変位が生じないように境界条件を与えます。このようにすれば，同じ精度の計算をするための労力の削減につながります。

図7.13は，実際に全体モデルと1/2モデルで比較したものです。上部には，10.0 MPaの応力を与えました。この計算では，36.8 MPaの最大応力が生じました。また，応力分布図もほとんど同じ分布となり，計算上，対象境界条件の有効性が確認できたと思います。

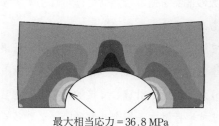

最大相当応力 = 36.8 MPa

（ａ）　全体モデル相当応力分布図

最大相当応力 = 36.8 MPa

（ｂ）　1/2モデル相当応力分布図

図7.13　全体モデルと1/2モデルの解析結果

〔３〕　４分の１対称，８分の１対称

では，複数の対称軸がある場合はどうなるでしょうか。同様に対象を半分にしたモデルで解析可能です。二次元の場合は，**図7.14**に示すような境界条件

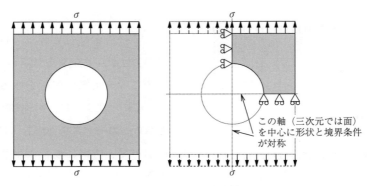

図7.14 1/4対称条件

を与えれば，1/4モデルを作ることができます。三次元の場合は，対称面を考えます。三次元では二つの対称面に加えてさらにもう一つの対称面があります。つまり，三次元では1/8モデルを作ることができます。

〔4〕 **接触問題の扱い方**

サンブナンの原理を考慮した力学的に（現実の状態と）等価な境界条件を与えれば多くの問題を解くことができます。しかし，円柱と平面の接触，球体と平面の接触，円柱と円柱の接触など工学では円柱状や球状の接触の問題が多くあります。また，複雑な構造物は多数の部品を組み合わせて作られます。すべてが一体として扱うには困難な場合もあります。

上記のような場合は接触問題として解くことにより，より適切な解析結果を得たり，全体の解析を始めるための準備の時間を短縮できます。デメリットとして，接触解析は接触しているかどうかを何度も計算して接触状態を確認しながら解析を進めるため時間がかかります。接触する組合せが多いとより多くの時間がかかります。

接触解析はかなり自動的に実行できるようになってきますが，どの面（線分や点）と面が接触する可能性があるかどうかを事前に指示する必要があります。解析プログラムの動作手順[†]上どうしても接触するペアどうしで接触して

---

† **アルゴリズム**と呼ばれます。コンピュータで動くことを前提に，力学的，数学的に考察した計算の手順です。フロー図や線図などを使って表現することもあります。

いるかどうかを探し，接触している場合は必要以上に食い込んでいないかどう
かなどを調べながら解析を進める必要があります。ユーザが事前に接触の可能
性があるペアを指示することのメリットは解析プログラムがチェックする接触
ペアの状態を効果的に減らすことができることです。つまり，解析時間を減ら
すことができます。

　平板に曲がったはりを押し付けながら滑らせた解析例を**図 7.15** に示します。
物体 A 右端部を $\Delta x = -30\,\mathrm{mm}$, $\Delta y = -5\,\mathrm{mm}$ 移動させ，徐々にたわみながら
物体 B に局所的なひずみを生じさせます。このように双方が弾性体で，接触
する面積が荷重によって変化する場合は，通常の境界条件だけでは表現するこ
とがたいへん困難になります。このようなときは接触解析を利用することも考
慮すべきでしょう。

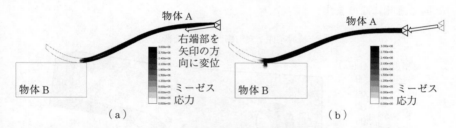

図 7.15　相当応力の分布。図（a）は物体 A 右端部の変位が（-0.6 mm，-0.1 mm）のと
き，図（b）は物体 A 右端部の変位が（-15 mm，-2.5 mm）のとき。物体 B の相
当応力が徐々に大きくなることがわかる

7.6　解析／可視化／適切な解析結果の見方とその検討

　ここでは，静弾性応力解析の手順と注意すべき点について説明をします。

〔1〕　解　　　　析

　静弾性応力解析では，材料定数（ヤング率とポアソン比），メッシュ，境界
条件の設定ができれば，解析ができる状態になります。解析の種類により，物
性値や特殊な境界条件なども入力する必要が生じることがあります。解析の種

類により，どのような入力が必要か，前もって調べておきましょう。解析の実行は，有限要素法プログラムにより異なりますが，単に実行を指示[†]すればよいでしょう。

〔2〕 可　視　化

変位や応力が解析モデルにどのように分布しているのかを理解するために，可視化はきわめて重要です。わかりやすくするために特定の断面の応力の変化をグラフにすることもあります。

可視化の結果を**図7.16**に示します。ここでは，相当応力の分布図を示します。この可視化の方法は**コンタ図**と呼ばれるもので，計算結果の値の最大値と最小値を分割して，その分割した一つの範囲にある値を同じ色で塗りつぶして表示したものです。色の境界が同じ値をつないだ線で，ちょうど地図の等高線と同じ意味になります。

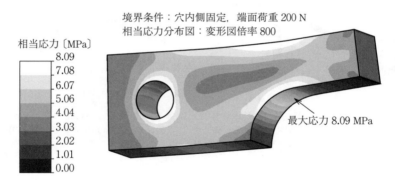

境界条件：穴内側固定，端面荷重 200 N
相当応力分布図：変形図倍率 800

相当応力〔MPa〕
8.09
7.08
6.07
5.06
4.04
3.03
2.02
1.01
0.00

最大応力 8.09 MPa

図7.16　相当応力分布図（解析結果の可視化）

〔3〕　適切な解析結果の見方とその検討

解析結果を可視化して検討します。そこから得られる知見や変化の傾向から機器の設計や改善，設計のためのルールや数式を見いだしたりします。しかし，コンピュータは万能ではありません。エンジニアが知りたいこと，見たい情報を果たして適切に出しているのでしょうか。残念ながら**図7.17**に示すよ

[†]　「解析実行」などのボタンを押したり，メニューから「解析実行」を選択することで解析できます。

最大応力
21.23 MPa

この位置の
応力 7.93 MPa

コンタ図の最大値を 7.93 MPa

（a）

最大応力
21.23 MPa

この位置の
応力 7.93 MPa

コンタ図の最大値を 21.23 MPa

（b）

図7.17　ユーザが指定をしないで得られた可視化結果の例。
図（a）が理想，図（b）は荷重を与えた箇所で応力が
大きく生じ全体の分布が不明瞭

うに思ったとおりの図は出してくれません。

　解析結果が正しいかどうかも含めて何に注意して結果を調べるのかを下記に
示します。実践して経験してください。

（1）　計算結果が正しいかどうか

①　**変形図のチェック**　　材料定数や境界条件の間違い，不正な要素の存在
などで，計算がうまく行われていないこともあります。まずは，変形図が正し
いかどうかを確認します。変形図がおかしければ，どこかに間違いがあると
思ってよいでしょう。

②　**カラーコンタの範囲を調整**　　図7.17の例に示したように集中荷重や
線荷重などを受けると，そこの部位の応力が他の部位より大きくなります。必
ず，評価したい場所に合わせた色の範囲を決定する必要があります。

　境界条件が異なる同じ形状の評価などの場合は，カラーコンタの範囲を最初
から合わせて解析しないと比較ができなくなります。複数の解析結果を比較す
る場合は必要な配慮です。

③　**ひずみ，応力分布のチェック**　　応力分布などは，必ず連続的に分布す
るものです。応力分布が振動したり，スムーズでない場合は，要素の大きさに
よるものなのか，それとも何か間違いがあるのかを判断する必要があります。

（2）　目的に応じた物理量を調べる

①　**目的とする物理量の分布をチェック**　　構造物の強さを評価するのであ

れば，相当応力値から降伏しているかどうかを調べます。設計許容範囲に変形
が収まっているかどうかを調べるのであれば，変位量を調べます。

②　最大，最小だけでなく評価部位をチェック　　最大応力値が設計基準の
応力値を超えるようであれば，応力が高い部位の形状（半径をより大きくする
など）変更で，最大応力値を下げることができます。また，より太い部材に変
更することも考えられます。ただし，いろいろな制約が絡でくるので，ここで
紹介した方法では設計基準を満足しない場合もあり得ます。

（3）　解析対象を見る方向やグラフで評価

①　見る方向の調整，物体内部や断面を見る　　見えない方向から見ても仕
方ないので，物体を切断して内部の構造を可視化することも必要になります。
また，任意の部分を透明や半透明に設定できる CAE システムもあります。

②　グラフ化して変化を捉える　　直線に沿って物理量の変化をグラフにし
て評価することはわかりやすいだけでなく，近似曲線や傾向を理解するために
きわめて有益な手法です。きれいなコンタ図を出すだけが可視化ではありません。

（4）　要素のサイズと物理量の変化

①　要素サイズのチェック　　ここまできたら「（1）計算結果が正しいか
どうか」に戻り，再度ここに記してあることを含めてチェックします。すでに
述べたように，要素サイズにより可視化結果が大きく異なります。**図7.18**に
は粗いメッシュと細かいメッシュの可視化結果の違いを示します。粗いメッ
シュでは円孔周辺で分布が波打っていますが，細かいメッシュではスムーズに
変化しているのがわかります。これは解析結果＋可視化手法によりこういった

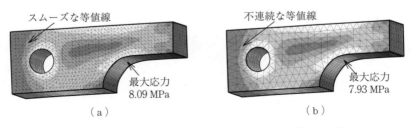

図7.18　要素サイズの違いにより分布がスムーズでない例

結果になる例です。この分布でよければ粗いメッシュでも問題ありません。

② **評価の例** 図**7.19**は，片持はりの曲げを粗いメッシュと細かいメッシュで評価した例です。最大の応力集中部位は付け根の部分です。しかし，粗いメッシュでは付け根から離れた部位で最大値が計算結果として表示されています。有限要素法と可視化のアルゴリズムの組合せの結果，自作のプログラムだけでなく，汎用コードでも起こりうることを知っておいてください。

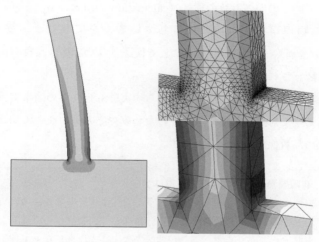

図7.19 片持はりの応力集中が要素サイズにより正しく表示
されない例。 粗いメッシュで最大応力部（濃いグレー）
が付け根部より上方に描画されている

以上のことを考慮して丹念に解析結果を見る必要があります。解析対象によっては特有の注意を払う必要があると思います。やはり，試行錯誤をして経験を多く積むことが大切です。

〔4〕 **計算結果の品質保証**

コンピュータシミュレーションによる解析結果は長い間，計算結果の正しさを状況証拠の積み上げにより帰納的に示してきました。つまり，計算結果の品質保証は，解析者の常識や信用に任されていました。その後，シミュレーションの発達により，より難しい解析や複数物理現象の相互作用を考慮した解析（連成解析）が可能となりました。一方で，品質保証は簡単ではなくなり，標

準化が必要となりました。この考えが V&V（Verification & Validation，検証と妥当性確認）です。この V&V をいち早く標準化したのが米国機械学会で定められた ASME V&V[†1] です。日本では，日本計算工学会において「工学シミュレーションの品質マネジメント」[†2] に ISO 9001 に基づく計算の品質保証の要求事項がまとめられています。V&V は，解析プログラムが正しく記述されているかのコード検証（code verification），そのプログラムを使った計算が正しく実施されているのかの計算の検証（calculation verification）を行い，計算結果が実際の物理現象を忠実に模擬しているかを実験による妥当性確認（validation）を行います。このようにして検証された計算は品質の保証された計算として認証されます。

　具体的に実施する場合は，解析のみならず実験も行うため簡単ではありませんが，材料力学で対象としているはりのたわみや応力集中などの知識を活用して計算結果の品質保証が達成されます。

（コラム）**有限要素法の達人になる近道は？**

　有限要素法をもっとよく知りたい人の多くは，まず有限要素法の教科書を入手します。ところが多くの教科書は「変分原理」，「仮想仕事の原理」などの基礎理論から記述してあります。ここが理解できずに先に進めなくて挫折した人は多いのではないでしょうか。ここは理解できなくても気にすることはありません。有限要素法の達人になる近道は，まず毎日使うことです。

　自動車の運転と同じで，ペーパードライバーではいけません。使ううちにいろいろなことがわかってきますし，そこで抱いた疑問を教科書などで解決していけばよいのです。大切なことは，日々使いながらも問題意識を抱き続けることです。さらには教科書などに添付されている演習用の簡単な有限要素法ソフトを自分で意味を考えながら書いてみることをお勧めします。それができたらつぎの段階として，例えば複合材料問題も解析できるように書き直してみましょう。ここまでできればほとんどプロの域です。そのころなら基礎理論もわかるようになっています。

---

† 1　詳しくは参考文献（8）を参照してください。
† 2　巻末の参考文献（9）を参照してください。

7.7　いくつかの失敗事例の紹介

　失敗事例は最も効果的に物事の重要なポイントを知ることができます。

（1）　**CAD データと製造された部品との寸法が微小に異なるケース**　　塑性加工により微細なばねを作成した。CAD データを用いて有限要素法モデルを作成してばね定数を調べたところ，実際のものとはばね定数が 15％ も異なっていた。問題は弾性問題で接触問題もないことからこの違いは大きすぎると判断された。詳細に調べたところ，塑性変形による曲げの影響で，曲率部での板厚が CAD データでは 0.3 mm となっているところが 0.01 mm 薄くなっていることが測定により確かめられた。この実測値を用いて再計算したところ，誤差は 2％ にまで小さくなった。

　このように小さな部品の寸法は塑性加工などにより微小に変化する可能性があります。もともとの寸法が小さいと，その微小変化量が大きく影響することになります。

（2）　**全体の寸法に対して小さな穴，小さなリブがあるモデルで要素生成が失敗するケース**　　全体はブロック形状で大きな要素分割でもよいが小さな穴やリブなどがある場合は失敗することがあります。要素生成を成功させるには，要素サイズの指定が大切です。例えば，全体の構造の寸法 100 mm，穴 1 mm，リブの厚み 0.5 mm の場合，各部位に要素サイズを個別に与え，全体要素分割サイズを（10 mm など）を与えます。このような指示で失敗の可能性が低くなります。ポイントは，個別に要素サイズを与えたうえで，それらの不整合がないことです。

7章のまとめ

　有限要素法に必要なモデル作成，境界条件設定や，解析の可視化手法について解説しました。ここで解説した事項は，きわめて基本的な事項です。他の解析手法でも，同様の手順により解析を進めます。より効率がよく，正確な解析を行うには，多くの経験と正確な知識が必要になります。

　例えば，原因不明のエラーに遭遇することはしばしばあります。そのようなときには，どのように対応したらよいでしょうか。どのような解析条件を与えたのか，どの要素を用いてどのくらいの節点数が生成されたのかなど，自分が何を行っているのか正しく理解することが，問題解決の第一歩です。状況を正確に把握して，根気よく続けることも必要なことです。

演 習 問 題

　図 7.20 のような帯板にき裂がある試験片の引張りを考えます。上下対象なので境界条件を工夫して 1/2 モデルとして解析可能です。1/2 モデルの境界条件をどのように与えたらよいでしょうか。剛体変位と剛体回転の二つを生じないように注意が必要です。

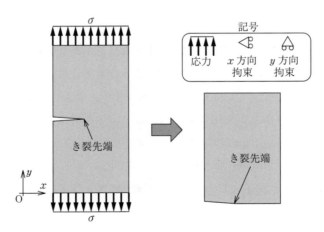

図 7.20

8

++++++++++++++

機器の保守・管理

　6章で説明したように，機器の破損はおもに応力集中を起点として生じます。長期間使用される機器は，この応力集中部から劣化が始まり，最終的には破損に至ります。機械技術者にとって，こうした機器の使用中の破損を防止することは，大切な責務の一つです。そのためには，劣化の進行と破損に至る過程を理解して，力学的にそれに対処する必要があります。

8.1　破　壊　の　力　学

　機械・構造物は長時間使用すると必ず劣化し，最終的には破断に至ります。安全に使用するためには，なぜそうした劣化が起こるのかを突き止めて，対策を立て，最終的な破断を防止することが必要です。こうした要請により，破壊力学が発展してきました。

〔1〕　材料の破壊過程

　図8.1に，材料の劣化の過程を簡単に示します。図（a）のように，製造された機器の内部には，まず**初期欠陥**が多数あります。これは6章でも説明したように，ミクロなレベルでの欠陥はなくすことが不可能だからです。もちろん大きな欠陥は製品検査の際に発見されますから，そのまま出荷されることはありませんが，検出不可能な小さな欠陥はそのまま残ります。

　これらの初期欠陥は，構造物・機器の稼働中に繰り返し負荷を受けて，しだ

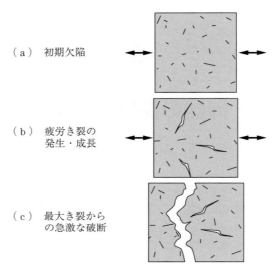

（a）　初期欠陥

（b）　疲労き裂の
　　　　発生・成長

（c）　最大き裂から
　　　　の急激な破断

図8.1　材料の劣化の過程

いに成長していきます。しかし，多くは非常に小さなものですから，その成長はきわめて遅く，定期的な検査によってもなかなか検出できません。

　ある程度欠陥が成長すると，欠陥は検出可能な寸法になり，**き裂**と呼ばれます（図（b））。この段階では，繰返し負荷の1サイクルごとにき裂が成長していきます。そして，そのうちで最大のき裂が，ある限界寸法を超えた時点で，き裂は急速に成長を開始し，機器全体の破断に至ります（図（c））。

〔2〕**破　壊　力　学**

　機械技術者は，こうした過程を適切に監視し，対処しなければなりません。その際まず大切なことは

　「初期欠陥を持たない構造物・機器はない」

ということを認識することです。これは

　「形あるものは必ず壊れる」

ということであり，かつ

　「絶対に壊れないものを作ることは不可能である」

ということを認識することでもあります。

　重要なことは，検出されたき裂を監視し，大きな損害をもたらすことのないように制御することです。そのためには，き裂の力学的挙動，すなわち破壊現象を理解しなければなりません。これが**破壊力学**という学問です。

　材料力学では，応力の計算などでは材料内に初期欠陥があることを想定していませんでした。しかし，破壊力学では，こうした初期欠陥の存在を前提としています。すなわち，より現実的に材料を認識していることになります。その意味では，破壊力学は材料力学の進化したものととらえることができます。

　次節以降で，破壊力学の基本的な知識について説明します。

8.2　き裂先端の応力と応力拡大係数

　き裂は先端が鋭い形をしています。そのため，そこには特別な応力状態が生じます。これは**特異応力場**と呼ばれます。その応力状態を表現するためには，き裂に特有のパラメータが必要となります。これが**応力拡大係数**です。

〔1〕　き裂にかかる力のモード

　6.6節のコラムで触れた，割り箸の割り方を思い出してください。割り箸には，割れやすいようにき裂が入っています。このき裂には，3通りの力をかけることができます（**図8.2**）。

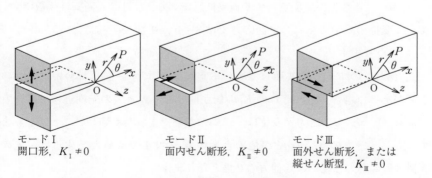

モードⅠ
開口形，$K_{\mathrm{I}} \neq 0$

モードⅡ
面内せん断形，$K_{\mathrm{II}} \neq 0$

モードⅢ
面外せん断形，または
縦せん断型，$K_{\mathrm{III}} \neq 0$

図8.2　割り箸にかけられる3通りの力

力はベクトルで3成分を持っていますから，これらはそれぞれ独立なものと考えることができます。図のモードⅠは，き裂を開く力です。モードⅡは面内のせん断力，モードⅢは面外のせん断力です。

実際には，多くの破壊現象がモードⅠで生じることが知られています。したがって，以下の説明では，おもにモードⅠの破壊について述べることにします。

〔2〕 **応力拡大係数**

このモードⅠの荷重を受けるとき，き裂先端の応力と変位は次式のようになることが知られています。

$$
\left.
\begin{aligned}
\sigma_x &= \frac{K_{\mathrm{I}}}{\sqrt{2\pi r}} \cos \frac{\theta}{2} \left(1 - \sin \frac{\theta}{2} \sin \frac{3\theta}{2}\right) \\[2mm]
\sigma_y &= \frac{K_{\mathrm{I}}}{\sqrt{2\pi r}} \cos \frac{\theta}{2} \left(1 + \sin \frac{\theta}{2} \sin \frac{3\theta}{2}\right) \\[2mm]
\tau_{xy} &= \frac{K_{\mathrm{I}}}{\sqrt{2\pi r}} \cos \frac{\theta}{2} \sin \frac{\theta}{2} \cos \frac{3\theta}{2} \\[2mm]
u &= \frac{K_{\mathrm{I}}}{2G} \sqrt{\frac{r}{2\pi}} \cos \frac{\theta}{2} \left(\kappa - 1 + 2\sin^2 \frac{\theta}{2}\right) \\[2mm]
v &= \frac{K_{\mathrm{I}}}{2G} \sqrt{\frac{r}{2\pi}} \sin \frac{\theta}{2} \left(\kappa - 1 - 2\cos^2 \frac{\theta}{2}\right)
\end{aligned}
\right\}
\tag{8.1}
$$

(r, θ) はき裂先端を原点とする極座標系であり，G はせん断弾性係数です。また，変位の式中の κ は，平面応力では $3 - 4\nu$，平面ひずみでは $(3 - 4\nu) / (1 + \nu)$ となります。

式（8.1）のすべてに共通して表れる定数は K_{I} です。同じ材料中に二つのき裂があった場合，それぞれの K_{I} の値が同じなら，き裂の先端近傍での任意の位置 (r, θ) での応力と変位は，二つのき裂でまったく等しいことになります。もし，一方のき裂の K_{I} が他のき裂の K_{I} の2倍であったとすると，先のき裂付近の応力と変位は，他方の2倍となります。

このように，K_{I} はき裂先端付近での応力や変位の大きさを一義的に決めるパラメータとなっています。これを**応力拡大係数**（stress intensity factor）と

いいます。

　モードⅡやモードⅢでも，こうした応力拡大係数が定義できます。式（8.1）をよく見ると，き裂先端では r がゼロに近づくので，応力が無限大に大きくなることになります。もちろん金属では，ある程度大きな応力になると材料の降伏が生じますから，実際に無限大の応力が発生することはありません。しかし，き裂先端に大きな応力集中が発生することは，これからもよくわかると思います。

8.3　破壊条件と破壊靭性

　破壊が進行することは，き裂が成長することを意味します。どのような力学的な条件でき裂が進展するのかを知ることは，破壊現象を制御するために不可欠です。これを**破壊条件**と呼びます。これを知ることで，破壊の予測が可能となります。

〔1〕　脆性破壊と延性破壊

　式（8.1）のように，き裂先端に大きな応力が生じると，これによってき裂先端では材料が降伏して塑性域ができます。この塑性域が小さいうちにき裂が成長を開始して，構造が破断してしまう場合を**脆性破壊**と呼びます。一方，大きな塑性域が形成されたあとに破壊が生じる現象を**延性破壊**または**弾塑性破壊**と呼びます。疲労によりき裂が徐々に成長していく場合は，このような大きな塑性域は形成されずに，脆性破壊に移行することが一般的です。ここでは脆性破壊について考えます。

〔2〕　脆性破壊の破壊条件

　脆性破壊の破壊条件は次式で示されます。

$$K_\mathrm{I} = K_\mathrm{IC} \tag{8.2}$$

　これは，応力拡大係数 K_I がある限界値 K_IC になったら脆性破壊が開始する，ということを意味しています。き裂先端付近の応力や変位の大きさを決めるの

がこの応力拡大係数ですから，これはごく自然な条件です。

　破壊条件は，降伏条件のように応力をパラメータとして示されるのではなく，応力拡大係数で示されます。応力は理論的にはき裂先端で無限大になりますので，これを破壊条件として用いることはできません。

　この破壊条件の限界値を**破壊靱性**（fracture toughness）と呼びます。破壊に対する材料の抵抗値の意味があります。破壊靱性は，ヤング率や降伏応力などと同じく，材料に固有の定数です。

　式（8.1）からわかるように，応力拡大係数や破壊靱性は

$$\mathrm{MPa\cdot mm}^{1/2} = \mathrm{N\cdot mm}^{-3/2}$$

という，一見奇妙な次元をもっているパラメータです。破壊靱性値は，実験によって測定される量です。実験の際の温度，測定に用いる試験片の寸法などに影響される値であるため，実験のやり方については規格が定められています。

　このように，応力拡大係数と破壊靱性が，破壊を論じるうえでの最も基本的なパラメータになります。応力拡大係数は，応力状態から決められます。すな

（コラム）　**破壊はいつでも悪者でしょうか**

　機械や構造物が破壊するのは困ります。「破壊」はそのために，悪いイメージを与える用語となっているようです。しかし，本当に破壊はいつでも悪いことなのでしょうか。日常生活で考えてみましょう。手紙を読もうと思ったら，

封筒を切断＝破壊しなければなりませんね。卵を食べたければ，卵の殻を破壊しなければなりません。爪を切るのだって，そうですね。菓子を食べるときも，袋を破壊しなければ食べることができません。飲み物の入った缶も，プルトップを引いてふたを破壊して初めて，飲むことができます。

　ですから，「破壊」を必ず悪いものと決めつけることは間違いです。破壊現象を利用することで，さまざまな便利な道具や方法を手にしているのです。

わち，応力解析と密接に関係しています。一方，破壊靭性は実験によってのみ決めることができます。

8.4　機器の保守・管理の手順

　技術者の役割としては，構造物の破壊を防止することが最も重要です。すなわち，構造物の保守・管理のために破壊力学を利用することが重要であり，破壊力学は現在，このために最もよく利用されています。そのために必要ないくつかの技術についてみていきましょう。

機器の保守・管理に必要な技術

　破壊力学は実際の構造設計にどのように使用されるのでしょうか。ここで，構造物が破壊に至る経過を考えてみましょう。

　8.1 節で述べたように，構造物の多くは，まず何らかの応力集中部からき裂が発生します。それは，使用期間中に多数の繰返し負荷（疲労）を受け，それによって徐々に成長します。ある程度までき裂が成長すると，そのき裂の応力拡大係数が限界値（K_{IC}）に達し，構造物は急速に破壊します。

　8.1 節では触れませんでしたが，延性材料も，ある程度じわじわとした破壊を生じたあと，急速破壊に移行します。急速破壊が開始すれば，構造は短時間で破断し，不運な場合には破局的な災害をもたらすことになります。したがって，技術者の役役としては，このような最終的な破壊を防止することが最も重要です。すなわち，構造物の保守・管理のために破壊力学を利用することが重要であり，破壊力学は現在このために最もよく利用されています。そのためには，つぎのようないくつかの技術が必要となります。

　（1）　**き裂検出技術**　　応力集中により発生したき裂は，微視的な寸法から徐々に成長していきます。これをできるだけ早く発見して，その後の対策を立てることが重要であることはもちろんです。

　き裂の検出は，構造物を切断したりすることなく行わなければなりません。

これを**非破壊検査**と呼びます。非破壊検査には，超音波探傷試験法が最もよく利用されています。構造の内部に発生したき裂の位置や形状などを検出することができる方法です。

（2）　応力拡大係数の計算　　き裂の置かれた力学的環境に基づいて応力拡大係数 K を求める必要があります。

（3）　破壊靭性値の測定　　温度，湿度などの環境（**図8.3**）により，破壊靭性値は異なります。構造物の置かれた環境に応じて，これを決定する必要があります。

図8.3　表面が剥離破壊した，オーストラリアのエアーズロック（昼夜の温度差による熱疲労が原因と思われます）

（4）　疲労き裂進展速度の予測
き裂が疲労によりどの程度の速度で進展するかを知ることができれば，その部分の寿命を知ることができ，部品の交換その他の対策を有効に立てられます。これが可能になったことで，破壊力学は機器の保守・管理に役立つ手法となりました。

（5）　破面観察，事故原因の調査
　　不幸にして破壊事故が生じてしまった場合，その経験をその後の破壊防止に役立てるために，破壊原因を徹底的に調査する必要があります。そのために，破壊後の破面を電子顕微鏡を使って観察する技術が広く用いられています。これを**フラクトグラフィ**と呼びます。

8.5　応力拡大係数の求め方

　　き裂を見つけたら，まずその応力拡大係数を知ることが必要です。応力拡大係数は，き裂の寸法と，それに作用している力の大きさで決まります。これを知るために，現在ではコンピュータが有効に利用されています。

〔1〕 引張りを受ける帯板のき裂

図8.4のように，幅 $2W$ の板の中央に長さ $2a$ のき裂があり，この位置には遠方で一様な応力 σ が作用しているものとします。このとき，応力拡大係数は

$$K_{\mathrm{I}} = \sigma\sqrt{\pi a}\,F\!\left(\frac{a}{W}\right), \quad F\!\left(\frac{a}{W}\right) \equiv F(\xi) = \sqrt{\sec\frac{\pi\xi}{2}}^{\,†1} \tag{8.3}$$

で与えられます。

F は板幅とき裂長さとの比によって決まる補正係数です。もし，無限の幅を持つ板にき裂がある場合，$F=1$ になります。

式（8.3）よりわかるように，応力拡大係数は応力に比例し，き裂長さの1/2乗に比例します。ですから，作用している応力が増加しなくても，き裂が伸びるとそれに応じて応力拡大係数は増大します。

こうしてしだいにき裂が成長していくと，あるときこの値が破壊靱性値に達して，脆性破壊

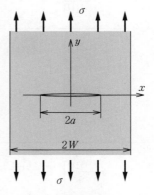

図8.4 長さ $2a$ のき裂がある板

が始まるのです。ですから，き裂の応力拡大係数を正確に評価することは，機器の健全性を判断するうえできわめて重要です。

〔2〕 さまざまなき裂の応力拡大係数

いくつかの典型的なき裂に対する応力拡大係数を**表8.1**に示します。

過去のたくさんの研究によって，さまざまな環境で，複雑な応力状態でのき裂の応力拡大係数が理論的に，または数値解析によって求められました。それらはハンドブック[†2]の形でまとめられています。ですから，応力拡大係数を求めたいときは，まずこのハンドブックを参照するのがよいでしょう。

しかし，実際の機器の形状は複雑で，応力状態も単純ではありません。そう

---

†1　$\sec\theta = \dfrac{1}{\cos\theta}$

†2　巻末の参考文献（10）を参照してください。

表 8.1　種々のき裂の応力拡大係数

き裂形状	応力拡大係数の近似式
中央にき裂のある帯板の一様引張り	$K_{\mathrm{I}} = \sigma\sqrt{\pi a}\, f(\xi)$ $\quad \xi = \dfrac{a}{W}$ $f(\xi) = \sqrt{\sec\left(\dfrac{\pi\xi}{2}\right)}$
片側にき裂のある帯板の一様引張り	$K_{\mathrm{I}} = \sigma\sqrt{\pi a}\, f(\xi)$ $\quad \xi = \dfrac{a}{W}$ $f(\xi) \fallingdotseq 1.12 - 0.213\xi + 10.55\xi^2$ $\qquad - 21.72\xi^3 + 30.39\xi^4$
両側にき裂のある帯板の一様引張り	$K_{\mathrm{I}} = \sigma\sqrt{\pi a}\, f(\xi)$ $\quad \xi = \dfrac{a}{W}$ $f(\xi) \fallingdotseq \left(1 + 0.122\cos^4\dfrac{\pi\xi}{2}\right)\sqrt{\dfrac{2}{\pi\xi}\tan\dfrac{\pi\xi}{2}}$
片側にき裂のある帯板の3点曲げ	$K_{\mathrm{I}} = \sigma_0\sqrt{\pi a}\, f(\xi)$ $\quad \xi = \dfrac{a}{W}$ $\sigma_0 = \dfrac{3PS}{2W^2}$ （**公称曲げ応力**） $f(\xi) \fallingdotseq 1.09 - 1.735\xi + 8.2\xi^2 - 14.18\xi^3$ $\qquad + 14.57\xi^4$ （$S/W = 4$ のとき）
コンパクト引張標準試験片 ASTM 規格 E399-72 標準寸法：$H = 0.6W$, $H_1 = 0.275W$ $D = 0.25W$, $L = 1.25W$ 板厚 $= 0.5W$	$K_{\mathrm{I}} = \sigma_0\sqrt{\pi a}\, f(\xi)$ $\quad \xi = \dfrac{a}{W}$ $\quad \sigma_0 = \dfrac{P}{W}$ $f(\xi) \fallingdotseq 29.6 - 185.5\xi + 655.7\xi^2$ $\qquad - 1\,017.0\xi^3 + 638.9\xi^4$

した場合，応力拡大係数をハンドブックで調べることはできません。そこで，現在では，有限要素法を利用して応力拡大係数を求める方法が広く利用されています。

手法はさまざまですが，多くの汎用有限要素法コードには，応力拡大係数を計算する機能が備わっています。図8.4に掲げた問題を，有限要素法で数値解析して，応力拡大係数を求めた例を示しましょう。

図8.5（b）は，図（a）を要素分割したものです。この問題は x 軸，y 軸それぞれに関して対称形状ですから，1/4の部分だけを要素分割すれば十分です。

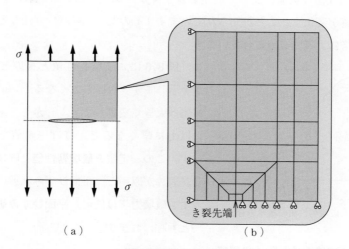

図8.5 要素分割

$W = 30$ mm，$a = 10$ mm，$\sigma = 10$ MPa として，この分割を用いて計算した応力拡大係数と，式（8.3）の結果とを**表8.2**に示します。誤差が0.6％となっており，高い精度で応力拡大係数が評価できています。

表8.2 K_{I} の計算（単位 N/mm$^{3/2}$）

式（8.3）による K_{I}	有限要素法による K_{I}
41.766	42.019

8.6 破壊靭性値の求め方

　応力拡大係数を知ったなら，その材料の破壊靭性値を知る必要があります。おもな材料の破壊靭性値は，金属材料のデータベースなどで調べることができます。しかし，そこで見つけられなかった場合は，実験をして値を得る必要があります。そのために，試験法が規格化されています。

〔1〕 破壊靭性値の板厚依存性

　破壊靭性値は実験によって測定されますが，測定に用いる試験片の厚さによって値が変化することが知られています。そのため，試験片寸法など，試験法が規格によって定められています。

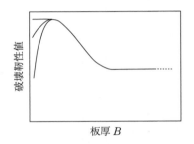

図 8.6 破壊靭性値の板厚依存性

　図 8.6 に，破壊靭性値と板厚との関係を示します。板厚が薄くなると，破壊靭性値は大きく変動します。しかし，ある程度以上に厚くなると，ほぼ一定値を示します。この一定値を**破壊靭性値**と呼びます。試験片が厚いと，平面ひずみ状態になります。破壊力学は別名，**平面ひずみ破壊力学**とも呼ばれます。

〔2〕 破壊靭性試験法の概略

　試験法の概略を説明します。詳細は，日本機械学会の基準[†]を参照してください。

　使用する試験片は，**図 8.7** に示す三点曲げ試験片，または**図 8.8** に示す CT 試験片です。き裂は機械加工によって導入された狭い切り欠き（ノッチ）から，繰返し負荷によって疲労き裂を成長させることで作成します。このとき，き裂先端に大きな塑性域が生じないよう，繰返し負荷の大きさには制限が設け

---

　†　基準：JSME S001「弾塑性破壊靭性 J_{IC} 試験方法」

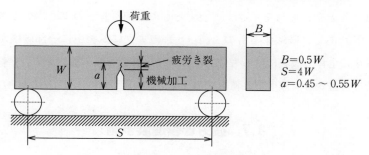

図8.7 三点曲げ試験片

$B=0.5W$
$S=4W$
$a=0.45 \sim 0.55W$

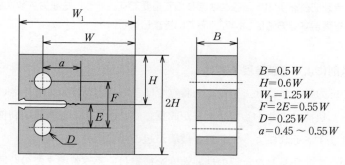

図8.8 CT 試験片

$B=0.5W$
$H=0.6W$
$W_1=1.25W$
$F=2E=0.55W$
$D=0.25W$
$a=0.45 \sim 0.55W$

られています。

このようにして作成した試験片を用いて破壊試験を行います。そのとき，荷重と変位の履歴を記録しておきます。

脆性材料が示す典型的な荷重－変位関係を**図8.9**に示します。図（a）のよ

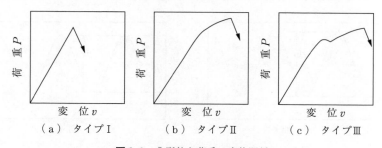

（a）タイプ I   （b）タイプ II   （c）タイプ III

図8.9 典型的な荷重－変位関係

うにほとんど塑性変形を示さず破壊するもの，図（b）のように少し塑性変形を生じたあとに破壊するもの，図（c）のように試験中に一部破壊が先行し，最後に全体の破壊に至るものなど，多様な破壊形態を示します。それらの破壊時の荷重から，破壊靱性値を求めます。

8.7　疲労き裂進展予測

　実際の構造物・機器の破壊は疲労によるものがほとんどですから，疲労によるき裂成長を予知することはきわめて重要です。そうした疲労き裂進展の予測を実現する方法について，みていきましょう。

パリス則によるき裂進展予測

　き裂の応力拡大係数は，発見した時点ではまだ破壊靱性値より小さいのですが，繰返し負荷により少しずつき裂が成長していき，あるとき破壊靱性値と等しくなります。それによって急速な破壊が起こります。

　したがって，発見したき裂の進展速度を推定し，急速破壊までの時間的余裕を見積もることができれば，適切な対策をとることが可能になります。そうした疲労き裂進展の予測を実現したのが，**パリス則**と呼ばれるものです。

　図8.10（a）に示すような繰返し負荷がかかるとき，き裂先端では図（b）のように，応力拡大係数が変化します。応力の最大値，最小値に対応して，応力拡大係数の最大値，最小値が決まります。1サイクルでのこの応力拡大係数

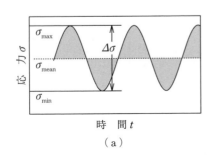
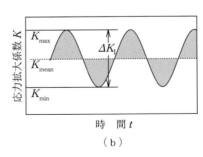

図8.10　繰返し負荷と応力拡大係数

の変動幅を ΔK_{I} と表し，**応力拡大係数範囲**と呼びます。

図8.11に，パリス則の基となる疲労き裂進展データを示します。これは両対数グラフです。縦軸は da/dN，横軸は ΔK_{I} です。da/dN とは，1サイクルごとのき裂進展量を意味しています。

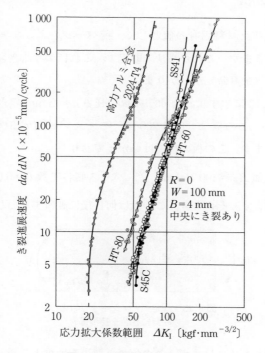

図8.11 疲労き裂進展データ

多くの材料では，両者の関係は図のように，両側ではほぼ垂直な，中央部では直線状の関係を示します。これを模式的に示すと，**図8.12**のようになります。

最初の左側の垂直な部分は，これ以下の ΔK_{I} 値ではき裂進展速度が著しく小さくなることを意味しています。すなわ

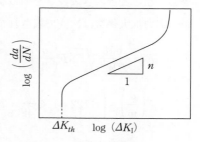

図8.12 疲労き裂進展データ（模式的に示したもの）

ち，疲労によるき裂進展を防止することのできる限界値を示しています。これを ΔK_{th} と呼びます。

また，直線部では，両者の関係は次式で表されることを意味しています。

$$\frac{da}{dN} = C(\Delta K_{\mathrm{I}})^n \tag{8.4}$$

C と n はそれぞれ材料固有の値として，前ページのような実験データから求めることができます。これがパリス則です。これにより，き裂のある機器の破断までの寿命（余寿命）がわかります。

例えば，**図 8.13** に示すような寸法の板に長さ $a_0 = 5$ mm のき裂が発見されたとしましょう。この板は1日に 200 回，モーメント $M = 25\,000$ N·mm を繰り返し受けています。この板の材質はわかっており

破壊靭性値 $K_{\mathrm{IC}} = 100$ N·mm$^{-3/2}$，パリス側の定数 $C = 5.0 \times 10^{-8}$，$n = 3$

であるものとします。そのとき，この板は何日後に破断するでしょうか。

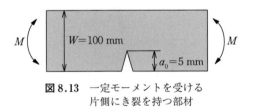

図 8.13　一定モーメントを受ける
片側にき裂を持つ部材

この問題を解くためにはまず，この板のき裂の応力拡大係数が破壊靭性値と等しくなるときのき裂長さを知らなければなりません。この板のき裂形状の場合，応力拡大係数は次式で表されます。

$$K_{\mathrm{I}} = \frac{6M}{BW^2}\sqrt{\pi a}\, F\!\left(\frac{a}{W}\right)$$

$$F\!\left(\frac{a}{w}\right) = \left\{1.122 - 1.4\frac{a}{W} + 7.33\left(\frac{a}{W}\right)^2 - 13.08\left(\frac{a}{W}\right)^3 + 14.08\left(\frac{a}{W}\right)^4\right\}$$

$$\tag{8.5}$$

B は板厚です。これが K_{IC} と等しくなるときのき裂長さが，限界き裂長さとなります。これより，$a_c = 12.59$ mm が得られます。このき裂が a_0 から a_c まで成長するのに必要な繰返し数は，式（8.4）を積分すれば求めることができます。すなわち

$$N = \int_{a_2}^{a_c} \frac{da}{C(\Delta K_I)^n} \tag{8.6}$$

この式の ΔK_I は，式（8.5）で与えられています。これを解析的に積分するのは困難ですが，数値積分を行えば比較的容易に解を得ることができます。ここでは $N = 2.813 \times 10^5$ となります。すなわち，約 3 年 10 か月後にこの板が破断することが予想できます。

このように，余寿命をあらかじめ見積もることができれば，機器の補修，部品の交換などをゆとりを持って計画的に実行できるので，たいへん好都合です。事実，パリス則は，実用的な破壊力学の応用としては最も有用な成果の一つとなっています。

8.8　フラクトグラフィ

破壊が生じた場合には，その原因を徹底的に究明して，その後の事故防止に役立てることが大切です。事故原因の究明のためには，破壊した断面を詳細に観察することが必要となります。破面には，き裂が進展したときの情報が記録されているからです。

いくつかの破面形態

近年では走査型電子顕微鏡（SEM）が普及し，破面の詳細な観察が可能となっています。代表的な破面の形態をいくつか紹介します。

（1）　**疲労破面**　　図 8.14 は，疲労破面の SEM 写真です。平行に見える線（**ストライエーション**）が観察されることが，疲労破壊の特徴です。

このストライエーションの間隔は，繰返し負荷 1 サイクル当りのき裂進展量

を示しています。これを測定することにより da/dN を知ることができ，パリ
ス則からそのときの ΔK_{I}，すなわち疲労破壊時のき裂先端の力学的状態を知る
ことができます。

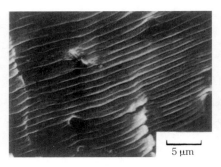

図8.14 疲労破面（ストライエーション）
出典：『機械・構造物の破損事例
と解析技術』（日本機械学会）

図8.15 脆性破面（リバーパターン）
出典：『機械・構造物の破損事
例と解析技術』（日本機械学会）

（2） **脆性破面**　　図8.15 は，脆性破壊した破面です。まるで川の流れが
あちこちで合流しているような破面を形成しています。これは**リバーパターン**
と呼ばれます。脆性破壊が構造内部の複数の弱点からほぼ同時に発生し，それ
らが急速に広がり，合体したことによってこのような破面ができあがります。

（3） **延性破面**　　図8.16 は，破壊の前に大きな塑性変形を生じる，延性
破壊の破面です。破面には**ディンプル**と呼ばれる大小さまざまな穴がたくさん
見えます。これは延性破壊の特徴で，こうしたディンプルの発生，成長により

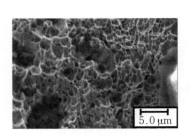

図8.16　延性破面（ディンプル）

延性破壊が進行し，最後にそれらが合体す
ることで最終破断となります。

　このように，破面を観察すると破壊の原
因，き裂の進展状況などがわかります。で
すから機器の破損が生じたら，それらを安
易に捨ててしまわずに，丁寧に破面を観察
することが重要です。

> **コラム** **さらに進んで学ぶには**
>
> 　実際のシミュレーションでは，利用する汎用コードや指定する有限要素の種類などにより得られる結果がまったく同じになることはありません。また，可視化のところで指摘したように図を描く手法によっても結果は違って見えます。例えば，6章や8章の内容は有限要素法で検討すべき対象ですが，たった一つの結果にならないことが十分に想定されます。こういった場合に正しい判断をするにはどうしたらよいでしょうか。こういった問題を進んで学ぶために，一般社団法人 日本機械学会によって運営されている「計算力学技術者」認定という事業があります。数学，固体力学，数値計算などの分野で知っておくべき知識が網羅されています。より進んだ学習や技術の習得のために活用できる制度です。

8章のまとめ

　形あるものは必ず壊れるわけで，永遠に壊れないものを作ることは不可能です。大昔の権力者は，権勢や繁栄が永遠に続くことを願って巨大なピラミッドや王墓などを作りましたが，現在はすべて元の姿をとどめていません。

　現代の機械技術者は，より進んだ材料力学の知識を元に，材料の不均質性によってもたらされる不可避的な破壊を，回避するのではなく，制御することを目指さなければなりません。破壊とうまく付き合い，破局的な事故を避けること。破壊が不幸にして起こったときには，それを教訓として，以後の技術の向上，蓄積に努めること。これらが機器の保守・管理に携わる機械技術者の使命です。そのためには，事故情報の公開が決定的に重要です。それを機械技術者としての心得としておきたいものです。

参 考 文 献

（1） 宮本 博，菊池正紀：材料力学，裳華房（1987）

（2） 這 吾一，川田宏之，藤井 透 編：最新 材料の力学，培風館（2008）

（3） 有光 隆：図解でやさしい 入門材料力学，技術評論社（2002）

（4） 田中喜久昭，長枝 滋，井上達雄：弾性力学と有限要素法，大河出版（1995）

（5） 久田俊明，野口裕久：非線形有限要素法の基礎と応用，丸善（1996）

（6） 中嶋正之，藤代一成：インターネット時代の数学シリーズ コンピュータビジュアリゼーション，共立出版（2000）

（7） 河村哲也：理工系数学のキーポイント（10）キーポイント偏微分方程式，岩波書店（1997）

（8） ASME V&V 10-2019：Standard for Verification and Validation in Computational Solid Mechanics（2020）

（9） 日本計算工学会　High Quality Computing 研究会編：工学シミュレーションの品質マネジメント　第3版，日本計算工学会（2017）

（10） 日 本 材 料 学 会 編：STRESS INTENSITY FACTOR HANDBOOK, vol. 1 ～ 5, Pergamon Press

演習問題解答

1 章 --

（1） 許容応力は

$$\sigma_a = \frac{500}{2.0} = 250\,\text{MPa} = 250\,\text{N}/\text{mm}^2$$

となります。丸棒の半径を r とすれば

$$\pi r^2 \sigma_a = 10\,\text{t} = 98\,070\,\text{N}$$

$$\therefore\ r = \sqrt{\frac{98\,070}{\pi \sigma_a}} = \sqrt{\frac{98\,070\,\text{N}}{\pi \times 250\,\text{N}/\text{mm}^2}} \fallingdotseq 11.2\,\text{mm}$$

（2） この構造の許容応力は，基準強さを安全率で割ったものになりますから，400 MPa となります。中空円筒の外半径を r_1 〔mm〕，内半径を r_2 〔mm〕 とすると，肉厚が 20 mm ですから

$$r_1 - r_2 = 20$$

であり，断面積 A は

$$A = \pi r_1{}^2 - \pi r_2{}^2 = \pi(r_1 + r_2)(r_1 - r_2) = 40\pi(r_1 - 10)$$

と表されます。圧縮荷重を P とすれば

$$\sigma = \frac{P}{A}$$

ですから

$$400\,\text{MPa} = \frac{3\,\text{MN}}{A\,[\text{mm}^2]} = \frac{3 \times 10^6\,\text{N}}{40\pi(r_1 - 10)\,[\text{mm}^2]} = \frac{3 \times 10^6}{40\pi(r_1 - 10)}\,[\text{MPa}]$$

より，$r_1 = 69.7\,\text{mm}$ を得ます。

（3） せん断応力 $\tau = 159.2\,\text{MPa}$，せん断ひずみ $\gamma = 1.99 \times 10^{-3}$

（4） 引張り応力 $\sigma = 133.3\,\text{MPa}$

（5） 限界高さ $h = 52.17\,\text{m}$

（6） コロナ社書籍ページで詳細に解答しています。

2 章 --

（1） まず，この棒の各部を**解図 2.1** のように三つの部分に分け，それぞれを 1，2，3 の添え字で表すこととします。

　力が二つ作用していますので，問題を
解図 2.2（a），（b）のように，それぞれ
の力が単独に作用している二つの場合に
分けて考えます。

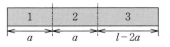

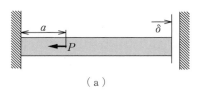

（a）

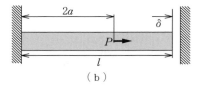

（b）

解図 2.2　二つの場合に分けて考える

　図（a）では左端から a の範囲では圧縮力 P が作用し，そこから右の部分
では力は作用していません。したがって

$$\sigma_1 = -\frac{P}{A} \qquad \varepsilon_1 = -\frac{P}{AE} \qquad 伸び（実際は縮み）：\Delta l_1 = -\frac{Pa}{AE}$$

$$\sigma_2 = 0 \qquad \varepsilon_2 = 0 \qquad 伸び \qquad ：\Delta l_2 = 0$$

$$\sigma_3 = 0 \qquad \varepsilon_3 = 0 \qquad 伸び \qquad ：\Delta l_3 = 0$$

となっています。また図（b）では，引張り力が左端から $2a$ のところに作用
していますから，同様に

$$\sigma_1 = \frac{P}{A} \qquad \varepsilon_1 = \frac{P}{AE} \qquad 伸び：\Delta l_1 = \frac{Pa}{AE}$$

$$\sigma_2 = \frac{P}{A} \qquad \varepsilon_2 = \frac{P}{AE} \qquad 伸び：\Delta l_2 = \frac{Pa}{AE}$$

$$\sigma_3 = 0 \qquad \varepsilon_3 = 0 \qquad 伸び：\Delta l_3 = 0$$

となります。このように二つの力がそれぞれ単独に作用する問題を解きまし
た。2.1 節で説明した重ね合わせの原理によれば，この問題の解はそれぞれの
解の和で表されます。すなわち応力とひずみはそれぞれの部分で

$$\sigma_1 = 0 \qquad \varepsilon_1 = 0$$

$$\sigma_2 = \frac{P}{A} \qquad \varepsilon_2 = \frac{P}{AE}$$

$$\sigma_3 = 0 \qquad \varepsilon_3 = 0$$

となります。また，伸びの合計は，Pa/AE です。もしこの伸びが，右端の剛
体壁との距離 δ より小さければ，剛体壁からの作用は生じませんので，上式が
答えになります。

　　しかし，もし $Pa/AE>\delta$，すなわち，$P>\delta AE/a$ なら，この棒は剛体壁に接触することになり，壁に制限されて δ より大きな伸びはできません。そのときは，伸びを抑える力が壁からこの棒に作用します。そこで，2.1 節で考えたように，この棒を**解図 2.3**のように三つの部分に分けて，それぞれに力 P_1，P_2，P_3 が作用しているものとします。

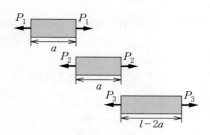

解図 2.3　三つの部分に分けた棒

　　すると，力の向きを考えて

$$P_1 - P_2 = -P, \quad P_2 - P_3 = P$$

が成立します。また，それぞれの力によって生じた伸びの合計は δ ですから

$$\frac{P_1 a}{AE} + \frac{P_2 a}{AE} + \frac{P_3(l-2a)}{AE} = \delta$$

となります。これより

$$P_1 = P_3 = \frac{AE\delta - Pa}{l}, \quad P_2 = \frac{AE\delta + P(l-a)}{l}$$

となり，これから各部の応力，ひずみが求められます。

（**2**）　温度が T〔℃〕だけ上昇したとき，棒の伸びは αTl となります。この値が δ より小さければ，棒は壁に接触しません。ですから解は二つのケースを考えることになります。

①　$\alpha Tl < \delta$ の場合　　$\sigma = 0$，ひずみは熱ひずみだけで $\varepsilon = \alpha T$

②　$\alpha Tl \geqq \delta$ の場合　　棒の両端は剛体壁に接触し，それ以上伸びようとしても壁にぶつかり，伸びることができません。壁からは反力 R が作用します。この R により，応力とひずみ

$$\sigma = \frac{R}{A}$$

$$\varepsilon = \frac{\sigma}{E} = \frac{R}{AE}$$

が発生します。このひずみと熱ひずみ αT との合計で棒の伸びはちょうど δ になります。すなわち次式となります。

$$\left(\alpha T + \frac{R}{AE}\right) l = \delta, \quad \therefore R = AE\left(\frac{\delta}{l} - \alpha T\right)$$

これより

$$\sigma = E\left(\frac{\delta}{l} - \alpha T\right), \quad \varepsilon = \left(\frac{\delta}{l} - \alpha T\right) + \alpha T = \frac{\delta}{l}$$

（3） 円環の断面積を A_1, 円柱の断面積を A_2, 円環と円柱に生じるひずみをそれぞれ ε_1, ε_2, 同様に応力をそれぞれ σ_1, σ_2 とすると

$$\sigma_1 A_1 + \sigma_2 A_2 = P$$
$$\varepsilon_1 E_1 A_1 + \varepsilon_2 E_2 A_2 = P$$
$$\varepsilon_1 = \varepsilon_2 = \frac{P}{A_1 E_1 + A_2 E_2}$$
$$\varepsilon_1 = \varepsilon_2 = 4.980 \times 10^{-3}, \quad \sigma_1 = 99.60 \text{ MPa}, \quad \sigma_2 = 35.86 \text{ MPa}$$

（4） 上部部材の伸びを δ_u, 下部部材の伸びを δ_l, 同様に上部と下部の部材のひずみをそれぞれ ε_u, ε_l, 応力を σ_u, σ_l とします。また，荷重 P を部材に垂直に作用する力 P_u と P_l に分解します。

$$\delta_u = l\varepsilon_u = \frac{l\sigma_u}{E} = \frac{lP_u}{AE} = \frac{Pl}{2AE\cos\theta}, \quad \delta_l = l\varepsilon_l = \frac{l\sigma_u}{E} = -\frac{Pl}{2AE\cos\theta}$$
$$\delta_y \cos\theta = -\delta_u$$
$$\delta_x = 0, \quad \delta_y = -\frac{Pl}{2AE\cos^2\theta}$$

（5） 上部部材の伸びを δ, 上部部材のひずみを ε, 応力を σ とします。

$$\delta = \sqrt{2} l\varepsilon = \frac{\sqrt{2} l\sigma}{E} = \frac{\sqrt{2} lP}{AE}$$
$$\delta_y = -\sqrt{2} \delta$$
$$\delta_x = 0, \quad \delta_y = -\frac{2Pl}{AE}$$

3 章

（1） はりの断面を**解図 3.1** に示します。このように座標系をとると，W_1 は y 軸方向，W_2 は x 軸方向の曲げ応力を生じさせます。そこで，二つの力による曲げ応力を別々に求め，最後に重ね合わせて，最大曲げ応力を考えます。最大の曲げ応力は固定端で生じます。

W_1 について，断面二次モーメント I_1 は

$$I_1 = \frac{bh^2}{12}$$

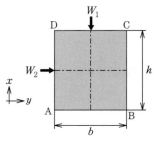

解図 3.1

また，断面二次係数 Z_1 は

$$Z_1 = \frac{bh^2}{6}$$

先端に集中荷重を受けるはりの，固定端における曲げモーメント M_1 は

$$M_1 = -W_1 L$$

よって，最大曲げ応力 σ_1 は，固定端の位置で次式となります。

$$|\sigma_1| = \frac{M_1}{Z_1} = \frac{6W_1 L}{bh^2}$$

つぎに，W_2 について考えます。同様に，I_2，Z_2，M_2 は次式のようになります。

$$I_2 = \frac{bh^2}{12}, \quad Z_2 = \frac{bh^2}{6}, \quad M_2 = -W_2 L$$

また，これらより最大曲げ応力は

$$|\sigma_2| = \frac{M_2}{Z_2} = \frac{6W_2 L}{hb^2}$$

曲げ応力の分布を考えると，中立軸を境に，W_1 では CD で最大値（引張りで正）をとり，AB で最小値（圧縮で負）をとります。また，W_2 による曲げ応力では，DA で最大値（引張りで正）をとり，BC で最小値（圧縮で負）をとります。したがって，点 D で最大曲げ応力 $\sigma_{max} = |\sigma_1| + |\sigma_2|$ をとり，点 B で最小曲げ応力 $\sigma_{min} = -|\sigma_1| - |\sigma_2|$ をとります。

$$\sigma_{max} = \frac{6W_1 L}{bh^2} + \frac{6W_2 L}{hb^2}, \quad \sigma_{min} = -\frac{6W_1 L}{bh^2} - \frac{6W_2 L}{hb^2}$$

（2）　$w_{x=l} = \dfrac{P}{3} l(l-a)^2$

（3）　$w_{x=l} = \dfrac{w(l-a)^3}{24EI}(3l+a)$

（4）　$w_{x=l} = -\dfrac{Ml^2}{2EI}$

（5）　$w_{x=l} = -\dfrac{Pl^3}{3} + \dfrac{3Ml^2}{8}$

4 章 --

（1）　式（4.16）を変形すると

$$R^3 = \frac{r^4 G}{4nk}$$

$$R = \sqrt[3]{\frac{r^4 G}{4nk}} = \sqrt[3]{\frac{0.015^4 \times 80 \times 10^9}{4 \times 10 \times 50 \times 10^3}} = 0.126\,5 \text{ m}$$

となります。したがって，$R = 126.5$ mm あれば要求を満たすばねの諸パラメータが決定できます。続いて，せん断応力 $\tau_{\max}$ を調べます。そのためにまず式（4.15）より，ばねの変位 $\delta = 50$ mm として荷重 W を求めます。

$$W = \frac{\delta r^4 G}{4nR^3} = \frac{0.050 \times 0.015^4 \times 80 \times 10^9}{4 \times 10 \times 0.126\,5^3} = 2\,501 \text{ N}$$

となります。以上で求めた値を式（4.14）に代入すると

$$\tau_{\max} = \frac{2WR}{\pi r^3}\left(1 + \frac{r}{2R}\right) = \frac{2 \times 2\,501 \times 0.126\,5}{\pi \times 0.015^3}\left(1 + \frac{0.015}{2 \times 0.126\,5}\right)$$
$$\fallingdotseq 63.21 \text{ MPa}$$

となります。

（2）　$\bar{\theta} = (G_1 + G_2)\dfrac{32Tl}{\pi G_1 G_2 d^4}$

（3）　$\bar{\theta} = (d_1{}^4 + d_2{}^4)\dfrac{32Tl}{\pi G d_1{}^4 d_2{}^4}$

5　章 --

（1）　**解図5.1** に示すように，厚さ方向を x 軸，幅方向を y 軸，長さ方向を z 軸として考えます。長さと厚さが変化しないのは，z と x 方向の垂直ひずみがゼロということです。また幅の変化は y 方向の垂直ひずみの変化になります。したがって，一般化されたフックの法則より，次式が成立します。

$$\varepsilon_x = \frac{1}{E}\left\{\sigma_x - \nu(\sigma_y + \sigma_z)\right\} = 0$$

$$\varepsilon_y = \frac{1}{E}\left\{\sigma_y - \nu(\sigma_z + \sigma_x)\right\}$$

$$= \frac{5.008 - 5.0}{5.0} = 0.001\,6$$

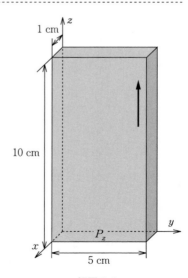

解図5.1

$$\varepsilon_z = \frac{1}{E}\left\{\sigma_z - \nu(\sigma_x + \sigma_y)\right\} = 0$$

これを解くと

$$\sigma_x = \sigma_z = \frac{\nu}{1-\nu}\sigma_y$$

$$\therefore \ \varepsilon_y = \frac{(1+\nu)(1-2\nu)}{E(1-\nu)}\sigma_y = \frac{(1+0.3)(1-2\times0.3)}{206\,000\times(1-0.3)}\sigma_y = 0.001\,6$$

が得られます。これより

$$\sigma_y = 443.7\ \text{MPa}, \quad \sigma_x = \sigma_z = 190.2\ \text{MPa}$$

であることがわかりますので、それぞれの面に作用する力 P_x, P_y, P_z は、それらの面上での応力にその面積を掛けて求めることができます。

$$P_x = 190.2\ \text{MPa} \times 5\,000\ \text{mm}^2 = 951\ \text{kN}$$
$$P_y = 443.7\ \text{MPa} \times 1\,000\ \text{mm}^2 = 443.7\ \text{kN}$$
$$P_z = 190.2\ \text{MPa} \times 500\ \text{mm}^2 = 95.1\ \text{kN}$$

となります。

（2） 液体により容器壁に与えられる圧力 P は、容器の底で最大になります。容器底から液体表面までの深さを d とすると、容器底では $P = \gamma d$ の内圧が作用していることになります。そのときの周方向応力は

$$\sigma_\theta = \frac{Pr}{t} = \frac{\gamma dr}{t}$$

となり、これが容器壁の許容応力と等しくなるまで液体を注ぐことができます。したがって

$$d = \frac{t}{\gamma r} \times 80\ (\text{MPa}) = 9.6\ \text{m}$$

となって、これが最大の高さとなります。

（3） 内側の円管は、圧縮力により半径方向に膨張します。したがって、外側の円管には内側からの内圧が作用し、内側の円管にはその反作用として同じ大きさの外圧が作用します。この圧力を p とすると、それぞれの円管に生じる周方向応力は

$$\sigma_\theta^{\,1} = \frac{pd_1}{2t_1} \quad \text{（引張り）}, \quad \sigma_\theta^{\,2} = \frac{pd_1}{2t_2} \quad \text{（圧縮）} \tag{a}$$

となります。

このほかに、内側の円管には圧縮力が作用しています。薄肉円管の断面積 A は、平均半径が $\bar{r} = \dfrac{1}{2}(d_1 - t_2)$ ですから

$$A = 2\pi \bar{r} t_2 = \pi(d_1 - t_2)t_2$$

したがって，内側の円管への軸方向応力は

$$\sigma_z{}^2 = -\frac{P}{\pi(d_1 - t_2)t_2}$$

これらにより，二つの円管に生じる周方向ひずみはそれぞれ

$$\varepsilon_\theta{}^1 = \frac{1}{E_1}\sigma_\theta{}^1, \quad \varepsilon_\theta{}^2 = \frac{1}{E_2}(\sigma_\theta{}^2 - \nu_2\,\sigma_z{}^2) \tag{b}$$

両者の半径の変化量は等しい，すなわち半径方向ひずみは等しいから，式（a），式（b）より

$$p = \frac{2}{d_1}\frac{E_1 t_1}{E_1 t_1 + E_2 t_2}\frac{\nu_2 P}{\pi(d_1 - t_1)}$$

これより，それぞれの応力が求められます。

$$\sigma_\theta{}^1 = \frac{E_1\,\nu_2 P}{\pi(d_1 - t_1)\,(E_1 t_1 + E_2 t_2)}, \quad \sigma_z{}^1 = 0$$

$$\sigma_\theta{}^2 = -\frac{E_2 t_1\,\nu_2 P}{\pi(d_1 - t_1)\,t_2\,(E_1 t_1 + E_2 t_2)}, \quad \sigma_z{}^2 = -\frac{P}{\pi(d_1 - t_1)t_2}$$

（4） まず，垂直応力成分を求めます。

$$\sigma_x = \frac{P_x}{S_x} = \frac{6.0 \times 10^3}{30 \times 40} = 5.0\,\mathrm{MPa}$$

$$\sigma_y = \frac{P_y}{S_y} = \frac{2.4 \times 10^3}{50 \times 30} = 1.6\,\mathrm{MPa}$$

$$\sigma_z = \frac{P_z}{S_z} = \frac{3.0 \times 10^3}{40 \times 50} = 1.5\,\mathrm{MPa}$$

これらの値を，一般化されたフックの法則の式に代入し，各垂直ひずみ成分を求めます。

$$\varepsilon_x = \frac{1}{E}\{\sigma_x - \nu(\sigma_y + \sigma_z)\} = 5.81 \times 10^{-5}$$

$$\varepsilon_y = \frac{1}{E}\{\sigma_y - \nu(\sigma_z + \sigma_x)\} = -0.50 \times 10^{-5}$$

$$\varepsilon_z = \frac{1}{E}\{\sigma_z - \nu(\sigma_x + \sigma_y)\} = -0.686 \times 10^{-5}$$

また，体積ひずみ ε_ν は

$$\varepsilon_\nu = \varepsilon_x + \varepsilon_y + \varepsilon_z = 4.62 \times 10^{-5}$$

となります。

（5）　公式により厳密に計算すると

　　　　　主応力：$\sigma_1 = 950\,\mathrm{MPa}$,　$\sigma_2 = -550\,\mathrm{MPa}$

　　主応力軸は，この座標系を反時計方向に $18.43°$ 回転したところです。

　　$30°$ 回転した座標系での応力は

　　　　　$\sigma_x' = 889.7\,\mathrm{MPa}$,　$\sigma_y' = -489.7\,\mathrm{MPa}$,　$\gamma_{xy}' = -294.6\,\mathrm{MPa}$

　　自分で描いたモールの応力円から得た数値と近かったでしょうか？

（6）　$\varepsilon_x = \varepsilon^1$,　$\varepsilon_y = -\dfrac{1}{3}\varepsilon^1 + \dfrac{2}{3}(\varepsilon^2 + \varepsilon^3)$,　$\gamma_{xy} = \dfrac{2}{\sqrt{3}}(\varepsilon^2 - \varepsilon^3)$

7　章 --

　　最初に対象となる線（三次元では面）を考えると，き裂先端を通る水平方向

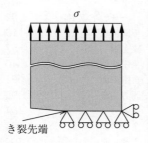

解図 7.1

の直線です。したがって**解図 7.1** のように，き裂面以外の下端面をすべて y 方向に拘束します。つぎに気をつけなくてはいけないのは，このままだと x 方向へ移動する可能性があります。したがって，x 方向についてもどこか一点を拘束します。実際の試験機ではジグ（治具）は x 方向には移動しないことが多いので応力を与えているどこか一点でもよいです。ここでは，対象線の右端を x 方向に拘束しました。以上で剛体変位および剛体回転は生じません。

　　　二次元ではこれでよいですが，三次元では z 方向についても拘束（剛体変位を防止）し，さらにモーメントも支えないと剛体回転が生じます。三次元の対象な形状では 1/4 モデルまたは 1/8 モデルも用いて適切に拘束条件を満足するようにしましょう。

索　　　引

—— 著 者 略 歴 ——

菊池　正紀（きくち　まさのり）
1971 年　東京大学工学部精密機械工学科卒業
1973 年　東京大学大学院工学系研究科修士課
　　　　程修了（精密機械工学専攻）
1976 年　東京大学大学院工学系研究科博士課
　　　　程修了（精密機械工学専攻）
　　　　工学博士
　　　　東京大学助手
1978 年　東京理科大学講師
1980 年　Gergia 工科大学博士研究員
　　　　（1981 年まで）
1985 年　東京理科大学助教授
1992 年　東京理科大学教授
2015 年　東京理科大学名誉教授

和田　義孝（わだ　よしたか）
1993 年　東京理科大学工学部機械工学科卒業
1995 年　東京理科大学大学院理工学研究科
　　　　修士課程修了（機械工学専攻）
1997 年　東京大学大学院工学系研究科中退
　　　　東京大学大学院工学系研究科助手
1998 年　博士（工学）（東京大学）
2000 年　高度情報科学技術研究機構研究員
2002 年　諏訪東京理科大学講師
2006 年　諏訪東京理科大学助教授
2007 年　諏訪東京理科大学准教授
2010 年　Virginia 工科大学客員教授
2012 年　近畿大学准教授
2017 年　近畿大学教授
　　　　現在に至る

図でよくわかる材料力学（改訂版）

Introduction to Strength of Materials for Engineers（Revised Edition）
　　　　　　　　　　　© Masanori Kikuchi, Yoshitaka Wada　2014, 2023

2014 年 4 月 25 日　初版第 1 刷発行
2023 年 5 月 15 日　初版第 5 刷発行（改訂版）

検印省略	著　　者	菊　池　正　紀
		和　田　義　孝
	発 行 者	株式会社　コ ロ ナ 社
	代 表 者	牛　来　真　也
	印 刷 所	萩 原 印 刷 株 式 会 社
	製 本 所	有限会社　愛 千 製 本 所

112-0011　東京都文京区千石 4-46-10
発 行 所　株式会社 コ ロ ナ 社
CORONA PUBLISHING CO., LTD.
Tokyo Japan

振替 00140-8-14844・電話（03）3941-3131（代）
ホームページ https://www.coronasha.co.jp

ISBN 978-4-339-04681-6　C3053　Printed in Japan　　　　　　　（西村）

機械系コアテキストシリーズ

(各巻A5判)

■編集委員長　金子 成彦
■編集委員　大森 浩充・鹿園 直毅・渋谷 陽二・新野 秀憲・村上　存（五十音順）

定価は本体価格＋税です。
定価は変更されることがありますのでご了承下さい。

図書目録進呈◆